国家自然科学基金资助　青年科学基金项目

项目批准号:32000768

ZHUDONGXING GONGJI DE XINLI

HE SHENJING JICHU

主动性攻击的心理和神经基础

朱文凤——著

天津社会科学院出版社

图书在版编目（CIP）数据

主动性攻击的心理和神经基础 / 朱文凤著. -- 天津 ：
天津社会科学院出版社，2024.6. -- ISBN 978-7-5563
-0982-5

Ⅰ．B845.1

中国国家版本馆 CIP 数据核字第 2024H67A56 号

主动性攻击的心理和神经基础

ZHUDONGXING GONGJI DE XINLI HE SHENJING JICHU

责任编辑：吴　琼

装帧设计：高馨月

出版发行：天津社会科学院出版社

地　　址：天津市南开区迎水道 7 号

邮　　编：300191

电　　话：（022）23360165

印　　刷：高教社（天津）印务有限公司

开　　本：710×1000　　1/16

印　　张：13.25

字　　数：200 千字

版　　次：2024 年 6 月第 1 版　　2024 年 6 月第 1 次印刷

定　　价：78.00 元

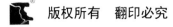

　　　　　　　　序　一

　　攻击是一种人与动物都有的基本行为方式,也是现代社会广泛关注的消极社会行为与倾向。其不仅会影响受害者的心身健康,也会给攻击实施者带来不利影响,是一种影响社会和谐与安全稳定的重要风险因素。探明攻击的性质与机制不仅利于揭示人类行为的基本规律,还可以为防治消极社会行为给予帮助和指导。非常高兴看到我的学生朱文凤在其博士论文的基础上完成了本书的撰写。该书从理论、测量工具、心理和神经基础几个方面,对主动性攻击的心理和神经机制进行了理论阐述和实证研究,不仅展示了朱文凤和我们课题组的研究成果,也有助于读者系统了解该领域最新的研究进展。

　　该书首先介绍了以作者为核心骨干的课题组建构的主动性攻击动机模型,以及检验和支持该模型的实证证据。主动性攻击动机模型提出主动性攻击是由工具性动机、道德抑制动机、道德许可动机共同作用的结果。换句说话,这三种动机复杂的相互作用决定主动性攻击的形成、发展与变化。工具性动机和道德许可动机是主动性攻击的趋近动机,促进主动性攻击的产生与增加。道德抑制动机是主动性攻击的回避动机,对主动性攻击的产生与发展起着抑制作用。该书从状态性主动性攻击和特质主动性攻击两个方面介绍了支持该模型的研究成果。例如,我们的实验研究与问卷调查的结果显示,工具性动机和道德许可动机是个体实施主动性攻击的重要促进因素,而道德抑制动机(如同情受害者,对自己的行为感到内疚、良心不安等)则可以抑制个体实施主动性攻击的意图和反应。在博士论文研究的基础上,朱文凤基于主动性攻击动机模型进一步开展了关于共情、内疚等道德抑制动机与暴力态度等道德许可动机在抵御与促进主动性攻击上的重要作用的研究，获得了不少有价值的发现，不仅发展了主动性攻击动机模型，也推动了攻击的道德机制研究。

本书在梳理主动性攻击实验任务的基础上，介绍了我们开发的一个新的操纵和测量主动性攻击的任务（奖赏-干扰任务）。虽然学者们基于竞争反应时任务等攻击任务开发了一些主动性动机的实验任务，但是均未有获得一致的认可和广泛的使用。导致这种现象的主要原因是这些研究未能提供相关实验任务有效实用的充分证据。为了开展主动性攻击的实验研究，我们开发了奖赏-干扰任务，并详细报告了其信度和效度以及使用该任务获得的积极成果。

该书的一个重要特色是作者采用结构、静息和任务态多种模态相结合的方式对主动性攻击的神经机制进行了探究，并提出内侧前额叶、额下回、背外侧前额叶和前扣带是表征主动性攻击的重要脑区。相信这些成果可以为今后的主动性攻击的脑机制研究提供方向和指导。

总的来说，该书凝结了作者从攻读博士到参加工作这些年对主动性攻击进行理论思考、系统梳理和深入研究的成果，也是第一本较为系统、全面介绍主动性攻击的学术著作，是一本值得研读的好书！相信该书的出版对主动性攻击的研究会起到积极推动作用，也会让广大读者从中受益！

夏凌翔

西南大学心理学部教授、博士生导师

　　《主动性攻击的心理和神经基础》是朱文凤博士完成的关于主动性攻击心理和脑基础的研究专著。她坚持对该领域问题进行系统研究,总结国内外研究的资料,探索了攻击行为产生的原因和过程。此项研究成果对攻击行为的预防和干预具有一定的指导作用。

　　全书共六章,结构合理,资料丰富。第一章和第二章对攻击行为的经典理论进行梳理,并在已有理论的基础之上,提出了主动性攻击的动机理论,指出工具性动机、道德许可动机和道德抑制动机是主动性攻击的三个主要的动机因素,三者之间相互影响,共同作用于主动性攻击。该理论是第一个详细论述主动性攻击产生的心理过程的理论,为以后的主动性攻击研究提供了理论指导和解释。第三章针对主动性攻击的测量工具进行介绍和总结。第四章通过四个研究开发出了一个新的测量状态主动性攻击的奖赏－干扰范式。该范式主要用于测量由外在诱因引发的状态主动性攻击,克服了之前测量状态主动性攻击的实验试次不能重复进行多次的缺陷,提高了统计的效力,同时为状态主动性攻击的神经基础的研究提供了工具性基础。第五章从状态和特质两个角度,结合任务态、结构和静息态多种模态对主动性攻击的神经基础进行了探究,并在此基础上提出了主动性攻击的心理－脑模型,提出道德抑制动机、道德许可动机、工具性动机和认知控制这四个心理因素是主动性攻击的主要心理因素。这四个因素会相互作用,与这些因素相关的脑区也会彼此重合。当前的研究结果揭示了内侧前额叶、前扣带和颞顶联合区可能是主动性攻击的关键的、基础的脑区,因为他们在主动性攻击的三个动机成分中皆起着重要作用,为主动性攻击的神经干预提供一定的理论指导。第六章进一步检验道德动机因素在特质主动性攻击的关系。研究结果进一步表明了共情、内疚和道德认同等道德抑制动机负向预测六个月后的主动性攻击,而暴力态度作为道德许可动机的代表正向预测六个月后的特质主动性攻击。

总之,该书具有以下三个特点:第一,资料丰富且翔实;第二,研究方法科学,研究成果有较高的学术价值;第三,理论思考上有深度,值得从事相关研究的工作者进行研读。

我认为,在新时代,青年学者要潜心学问,有强烈的问题导向意识,认真且深入地开展研究,积累第一手资料,坚持用事实说话,努力将冷板凳坐热,胸怀"成一家之言"的志向,用实际行动为中国特色心理学发展做出自己的贡献。

白学军

天津师范大学副校长、教授、博士生导师

前　言

　　党的十八届三中全会通过的《中共中央关于全面深化改革若干重大问题的决定》指出，"全面深化改革的总目标是完善和发展中国特色社会主义制度，推进国家治理体系和治理能力的现代化"。党的十八届五中全会通过的《中共中央关于制定国民经济和社会发展第十三个五年规划的建议》进一步认为，加强和创新社会治理是加强和改善党的领导，实现"十三五"规划提供坚强保证的重要抓手。其中最大限度的增加和谐的因素，最大限度的降低不和谐因素是加强和创新社会治理的总要求，是维护社会长治久安所必需的。攻击行为是妨碍国家安全和谐和社会稳定的危险因素，它会威胁人们的心理和行为健康、人类的亲密合作，以及社会经济和安全。开展对攻击行为的研究将有助于人们深入了解该行为产生的原因和本质，以预防该行为的发生，促进社会和谐稳定发展。

　　攻击是指用他人回避的方式对他人的身体或心理上造成伤害的所有行为。攻击是一个复杂的概念。按照攻击的方式可以分为身体攻击（如打、推、踢等）、口头攻击（如咒骂、起绰号等）及间接攻击等；另一种普遍的分类方式是按照动机可以将攻击分为主动性攻击和反应性攻击。反应性攻击也叫冲动性攻击，是由激惹事件或感受到的威胁所触发的攻击行为，常常伴随着愤怒、敌意等负性情绪。主动性攻击也称为工具性攻击、预谋性攻击，它是由工具性动机驱使产生的，目标是借助攻击的手段获得个人利益或者达成个人的目的，往往伴有深思熟虑的思考和道德推脱的认知。主动性攻击通常发生在没有激起的情况下，情绪唤醒也比较低。偷盗、校园欺凌、暴力竞争、预谋性犯罪等都是主动性攻击的典型的表现形式。对主动性攻击的探究将有利于人们深入了解这些行为产生原因，并为这些行为的干预和预防提供一些指导,从而更好地维护社会地安定和团结。

根据时间和情境的一致性和稳定性,主动性攻击和反应性攻击包含了两个水平,即特质水平和状态水平。特质主动性和反应性攻击是指个体在日常生活的不同时间或情境中为了奖励或报复倾向于做出主动性或反应性攻击的稳定倾向和行为模式,一般用纸笔测验的形式进行测量。状态主动性和反应性攻击是指在特定的奖励或激惹条件下触发的主动性或反应性攻击行为。该类攻击一般在实验室的情境下用相应的实验任务来诱发。两个水平的攻击行为各有所长,特质主动性和反应性攻击适合应用于探究为什么有些个体倾向于用主动性或反应性攻击的行为解决问题或达到目的,而有些个体则相反。但是特质主动性攻击无法解决个体在进行攻击时的心理过程是怎样的。而状态主动性和反应性攻击主要关注的是个体在做攻击时的动态的心理过程。

主动性攻击和反应性攻击在心理、生理和神经基础上均有不同,目前关于反应性攻击的心理和神经基础研究已经相对成熟,而对主动性攻击的心理和神经基础的探究还处于起步阶段,而用反应性攻击的研究结果来指导主动性攻击的干预将达不到预期的效果,因此专门针对主动性攻击的探究是非常有必要的。

本书主要对主动性攻击的心理和神经基础进行探究,为了使读者更好地了解目前攻击研究的进展,笔者在第一章对攻击的理论和研究进展进行了简要概述。另外,对主动性攻击的研究离不开理论的指导和有效的测量工具,但目前研究还缺乏专门针对主动性攻击的理论及测量状态主动性攻击的范式,本书笔者及团队成员在对以往的攻击理论进行梳理的基础上,建构了主动性攻击的动机理论(第二章)。同时开发了新的测量状态主动性攻击的任务(第三章);并用多模态相结合的方法,探究特质主动性攻击和状态主动性攻击的神经基础,以增加人们对主动性攻击的本质的理解,同时为主动性攻击的动机理论提供一定的大脑水平上的证据(第四章)。为了进一步检验主动性攻击的道德动机,我们采用纵向设计和实验室实验相结合的方法,探究共情和道德认同等道德抑制动机的重要成分对主动性攻击的抵御作用(第五章),及道德推脱、冷酷无情和暴力态度为代表的道德许可因素对主动性攻击的促进作用（第六章）。

本书从特质和状态主动性攻击两个角度系统地探究了主动性攻击的心理和神经基础，具有重要的理论和实践意义。

在理论上，构建了专门针对主动性攻击的动机模型，并用行为和磁共振实验为该理论提供了相应的证据，为主动性攻击的相关研究提供了一个解释框架，拓展了主动性攻击的理论基础。另外，本研究发展了状态主动性攻击的测量任务，为以后状态主动性攻击的研究提供了一定的工具。

在实践方面，主动性攻击的动机理论认为，道德认同和共情等道德抑制的动机会抑制主动性攻击的产生，而道德推脱、暴力态度等道德许可动机会促进主动性攻击。根据该结果，教育者及家长可以通过培养学生的同情水平，增加对受害者的同情能力，通过相关课程的设计，教育学生树立正确的道德观等方式预防和减少主动性攻击的发生。同时在神经基础方面，本书发现内侧前额叶、颞顶联合区等为主动性攻击的重要的脑基础，这也为以后主动性攻击的无侵入性的大脑干预措施提供了指导，如我们可以采用电刺激的方式增强个体的内侧前额叶皮层或颞顶联合皮层来降低个体的主动性攻击水平。

朱文凤

目 录

第一章
攻击概述

　　社会和谐是中国特色社会主义的本质属性，而攻击行为是威胁社会和谐的一个主要因素，是困扰现代社会的最普遍和最具破坏性的问题之一（Santos et al., 2019）。例如，暴力是一种以极端伤害为目标的攻击行为（Anderson & Bushman, 2002），2017 年 10 月 26 日，世界卫生组织指出全世界每年有 140 万人因暴力事件丧生。2016 年，美国警方记录了 17250 起谋杀案。在我国，各种暴力事件也时有发生。除了以上比较极端的攻击行为，日常生活中常见的攻击行为还包括校园欺凌、亲密关系暴力、网络欺凌、威逼恐吓、暴力竞争、充当网络打手等现象。什么是攻击行为，攻击行为有哪种表现及其产生的原因是什么，本章将就以上问题给出解答。

攻击的定义和分类

一、攻击行为的定义

攻击行为是指违反了社会的主流规范,有意伤害他人的行为(Anderson & Bushman,2002)。该定义包含了三个主要的特征,第一攻击行为必须是违反社会规范的行为;第二动作发出者必须要有伤害意图;第三要有伤害的外在表现,才能构成攻击行为。警察抓小偷的过程中,对偷盗者的袭击,虽然该行为有伤害的意图和伤害的外在表现,但是该行为是为了维护社会的治安和稳定;另外为了维护自身的安全实施的自我防卫的行为,虽然有伤害行为和伤害的意图,但是在社会规范许可的范围内做出的行为,皆不属于本书探究的攻击行为。仅有伤害行为没有伤害意图的行为也构不成攻击行为。例如,小红吃过午饭后,由于时间紧迫,她骑车骑得飞快,撞倒了小明,使小明受伤了,这里小红虽然对小明有伤害的行为但是小红没有伤害的意图,因此也不构成攻击行为。另外仅有伤害意图,没有伤害行为也构不成攻击行为。如小慧与室友小敏经常发生口角,对小敏心怀怨怼,每天在心里咒骂和伤害小敏无数次,但是并未在行为上对小敏进行伤害。此时小慧的行为也不构成攻击行为,因为该行为没有外在的伤害行为的表现。只有以上三个特征皆符合的行为,才能构成本书介绍的攻击行为。

二、攻击行为的分类

攻击是一个复杂的概念,按照不同的划分方式,可以将攻击分为不同的类别。

(一)依据攻击的方式的分类

根据攻击的方式不同,可以将攻击分为身体攻击(physical aggression)和言语攻击（oral aggression）。身体攻击是指对他人身体上的伤害。如踢、推、打、扇脸等。言语攻击是指对他人进行口头的辱骂、侮辱。如咒骂、起绰号、说他人坏话等。随着网络的盛行，在网络上辱骂别人、传播别人的流言蜚语也是言语攻击的一种表现。

依据攻击的方式不同，攻击可分为外显攻击（overt aggression）和关系攻击（relational aggression）。外显攻击为通过身体损伤或踢、推、杀，或者威胁要殴打同伴等来伤害他人的行为。关系攻击是指通过破坏他人的同伴关系来伤害他人的行为。如结成小团体排斥不喜欢的人、传播别人的谣言等。相对于外显攻击来讲，关系攻击比较隐蔽，对个体造成的伤害往往比较难以发现，关系攻击的受害者与其他人相比更易感到抑郁、焦虑等。

这几类攻击行为往往会表现出性别和发展趋势的差异。在儿童群体中，相较于女性儿童，男性儿童会表现出更多的身体攻击和外显攻击；而相较于男性儿童，女性儿童更多的会表现出关系攻击和言语攻击。并且随着年龄的变化，外显攻击和身体攻击会逐渐减少，而关系攻击和言语攻击会逐渐增加。

（二）依据攻击动机分类

根据攻击的动机不同，可以将攻击划分为主动性攻击（proactive aggression）和反应性攻击（reactive aggression）（Anderson & Bushman，2002，Brugman et al.，2015，Wrangham，2018）。主动性攻击也叫预谋性攻击或工具性攻击，是指为了获得自身的利益或达到某种目标而实施的攻击行为。如偷盗、抢劫、为了获得某个职位散播竞争者的流言蜚语、恶意抹黑竞争者等，皆为主动性攻击的表现。主动性攻击最终的目标是获利或者实现某个目标。反应性攻击也叫敌意性攻击或冲动性攻击，是由激惹事件引起的伤害行为，常常伴随愤怒和敌意情绪、报复的动机等。如被打或骂了以后，打回去或骂回去。最终目标为伤害激惹人。主动性攻击，往往不伴随愤怒情绪，通常在低唤醒状态下发生，并且常常伴有道德推脱的认知。而反应性攻击常常伴有愤怒的情绪，在高唤醒的状态下发生，对道德考虑会更少。无论是主动性攻击还是反应性攻击近端目标都会涉及伤害受害者的意图和行为，我们需要在终端目标上区分这两种攻击。抢劫和身体侮辱都是攻击行为,因为二者从近端目标上都有对受害者的伤害意图。但是二者最终的目标是不同的,抢劫的最终目标是获得物质利益,而侮辱的最终目标就是伤害他人。

主动性攻击和反应性攻击的划分十分必要,二者有不同的心理基础、神经基础和生理基础。

首先,主动性攻击和反应性攻击有不同心理基础。主动性攻击与结果预期正相关(Arsenio et al., 2004,Smithmyer et al., 2000),即对攻击产生的结果预期越积极,越容易做出主动性攻击。高主动性攻击的个体更可能过高的估计攻击的积极结果。反应性攻击与敌意归因偏向正相关(Caspi et al., 2005),即在模糊情景下,越容易将他人的意图归结为有敌意的个体,越容易做出反应性攻击。

其次,主动性攻击和反应性攻击有不同的神经基础。之前关于经颅直流电刺激(transcranial direct current stimulation, tDCS)的研究发现,阳性刺激增强右侧背外侧前额叶(dorsolateral prefrontal cortex, DLPFC)会降低主动性攻击,而对反应性攻击不起作用(Dambacher et al., 2015)。同样,笔者之前的研究发现主动性攻击的得分与左侧背外侧前额叶的灰质密度呈现正相关(具体内容见本书第五章的第四节),而全脑分析的反应性攻击并没有发现该结果。但目前对于主动性攻击的神经基础的研究更多的是对其倾向或特质的研究,状态性的主动性攻击的神经基础到底如何,仍需要我们进一步探究。

第三,主动性攻击和反应性攻击的生理基础不同。攻击倾向的等位风险因素的分析显示,单胺氧化酶 A 基因(MAOA)既会影响主动性攻击也会影响反应性攻击。但是特定等位基因的风险因素对主动性攻击和反应性攻击的影响呈现相反的效应。低功能等位基因,如 MAOA 启动子区的 MAOA-LPR 等位基因促进反应性攻击,高功能等位基因与主动性攻击有关,MAOA 基因的低功能变体会影响 5-羟色胺和儿茶酚胺类神经递质(如多巴胺、去甲肾上腺素和肾上腺素)的调节,可能导致在应对不确定或负面事件时神经递质系统效率低下。携带这些低表达MAOA-LPR 变体的人在处理情绪刺激时往往会表现出边缘系统的过度反应,从而导致反应性攻击。

主动性攻击与多巴胺受体 D4（DRD4）基因的低功能等位基因（Cherepkova et al., 2015）和影响催产素受体基因（OXTR）转录调控的等位基因变体（Fragkaki et al., 2019）有关，这两者都与社会认知的改变有关。这些基因可能会通过对社会相关和显著性的情绪刺激、令人满意的社会互动或社会奖励过程的建立等的干扰作用来影响社会认知（Crespi, 2016）。此外，还有学者发现影响形态细胞过程的单核苷酸多态性（SNP），如 1062535 和 rs13381941（Lazebny et al., 2020）。这可能解释了当携带这些基因的个体暴露于社会风险因素时，某些大脑结构变化或易发生这些变化的易感性。例如，它可能解释了纹状体谷氨酸释放的变化与高主动性攻击之间的联系，这个关系在健康的青少年和有行为障碍的青少年中都有发现。

对攻击类型的区分将有助于降低攻击概念的复杂性，有助于理解人类攻击产生的原因和机制，也将更加有助于提出有效的策略，降低和预防攻击行为的发生。如由于主动性攻击和反应性攻击的差别，如果用反应性攻击的研究结果去指导主动性攻击的预防和干预工作不一定能够得到很好的效果，同样用主动性攻击的研究结果指导反应性攻击的预防和干预，也不一定能达到预期的效果。因此我们需要对不同的攻击做专门的探究。

第二节

攻击的理论

关于攻击是如何产生的,不同的学者给出了不同的答案,形成了不同的理论观点。目前在攻击研究中用的比较多的理论主要有以下几种。

一、社会学习理论

社会学习理论认为攻击行为和其他社会行为一样,可以通过人们的直接或间接观察学习来获得。社会学习理论通过观察学习过程解释了攻击性行为的习得,并为理解和描述指导社会行为的信念和期望提供了一套有用的概念。社会学习理论,尤其是关于期望的发展和变化以及如何构建社会世界的关键概念,在理解攻击行为的习得和解释主动性攻击或工具性攻击方面尤其有用。

班杜拉用一系列的实验证明人们的攻击行为是通过观察和模仿学习获得的。最常用的实验范式为"波波娃娃"范式。其中一个著名的实验如下,班杜拉将3—6岁(平均年龄为4岁零四个月)的72名(其中36名男性)小朋友分为三组,即攻击榜样组、非攻击榜样组和控制组,每组24名小朋友。首先一名小朋友被带到游戏室,并被安排在了游戏室的一角的桌子前,桌子上有一些有趣的玩具,如贴纸和印章等。游戏室的另一角的桌子旁是成人榜样。成人榜样的桌子上有一套儿童拼图、一根木槌和一个1.5米高的波波娃娃。还有一个成人模特。小朋友观察10分钟成人模特的行为。实验者离开后,攻击榜样开始将波波娃娃放倒在地,并用暴力击打它。另外还会对娃娃进行咒骂等言语攻击。而非攻击榜样组的成人仅仅专注于玩拼图,忽视波波娃娃的存在。十分钟后,小朋友被带到另一间游戏室,里面有喷气式飞机、火车模型、和精美的玩具娃娃等非常吸引人的玩具。为了让小朋友做出可以观察的攻击行为,实验者认为需要让小朋友体验到一定的挫折感。因此,实验者在小朋友玩了一会玩具的时候,告诉他/她们这些玩具是为其他小朋友准备的,他/她需要到另一个游戏室里去玩。另一个游戏室中有一些攻击性的玩具,如标枪、锤子、用链子吊着的球等,另外还有一些洋娃娃、蜡笔等。实验组通过游戏室的双面玻璃观察每个小朋友的表现。结果发现有攻击榜样的这组小朋友会对玩具表现出更多的身体攻击和言语攻击。

另外,班杜拉认为攻击可以通过以下三种机制获得或保持。

1. 外部强化。这类强化包含了社会性奖赏、物质奖赏和痛苦遭遇的排除三种。通过攻击获得的名声、地位、权力等都属于社会性奖赏。现实生活中为了获得权力和地位,不惜通过污蔑、诽谤、排斥等手段来实现,都是受到了社会性奖赏的驱动。而罪犯从他人手里抢夺钱财、贵重物品;小孩子从他人那里抢夺的玩具等获得物,皆为物质奖赏。痛苦的遭遇有很多种,如受辱、挨打、受欺凌等都属于痛苦的遭遇,如果可以通过攻击减少或避免这些痛苦的遭遇,人们也会做出攻击行为。

2. 替代性强化。个体的攻击行为除了直接强化的结果,还有一个重要途径是替代性强化。替代性强化的来源主要有家庭、同伴和媒体等。如果家庭里父母总是用攻击的行为解决问题或者总是体罚儿童,儿童会将父母作为攻击榜样,认为攻击可以帮助自己实现目标,则更可能做出攻击行为。同样,如果身边的同伴通过攻击获得了更高的地位和更多的权力,儿童则更可能做出攻击行为。媒体内容当中如果攻击行为受到奖励,也可能让儿童学习到更多的攻击行为。

3. 自我强化。自我强化是影响攻击的重要的内部因素。做出攻击后,如果产生了自我谴责,后续则会减少攻击行为;如果儿童以攻击别人为荣,觉得能成功攻击别人很开心,则会进一步强化自己的攻击行为。

二、脚本理论

休斯曼(Huesmann,1988)提出当儿童在大众媒体上看到暴力行为时,他们会学习攻击的脚本。脚本定义情境并指导行为,个体首先选择一个脚本来表征当前的情况,然后在脚本中扮演一个角色。一旦学习了脚本,就可以在以后的某个时间激活它,用以指导未来的行为。这种方法可以视为对社会学习过程的更具体和详细的描述。

脚本是一组在记忆中排练得特别好、高度相关的概念,通常涉及因果关系、目标和行动计划。连接紧密的主题会形成一个脚本,它们在语义记忆中就会成为一个统一的概念。此外,即使是较少几次脚本排练也会改变一个人对重要社会行为的期望和意图(Abelson,1981,Anderson & Godfrey,1987)。一个经常排练的脚本在未来的情境中将更易获得。因为多次排练创建了与记忆中其他概念的额外连接,从而增加了激活它的路径数量。并且多次排练也增加了连接本身的强度。因此,一个在电视上目睹了数千起使用枪支解决纠纷的孩子,很可能会有一个非常容易获得的攻击类脚本,该脚本在许多情况下都会得到应用。换句话说,脚本处于长期易得性的状态。这一理论在解释社会学习过程的泛化和复杂感知–判断–决策–行为过程的自动化(和简化)方面特别有用。

笔者最近的一个研究也为该理论提供了进一步的实证支持。在该研究中,笔者采用纵向设计的方法,调查了941名大学生被试的暴力暴露经历、敌意自动思维和网络攻击水平。结果发现日常生活中的暴力暴露可以预测6个月之后的敌意自动思维水平和网络攻击水平;同时,敌意自动思维可以预测6个月后的暴力暴露经历和网络攻击水平;网络攻击也可以预测6个月后的暴力暴露经历和敌意自动思维水平;每一个变量皆为另外两个变量间关系的中介变量(Zhu et al.,2023)。在日常生活中的暴力暴露是重要的环境变量,是指个体在日常生活中经历的或者感受到的暴力相关的信息,既包含虚拟媒体中的暴力暴露经历也包含了现实生活中的暴力暴露经历(如校园欺凌、家庭暴力等)。当个体暴露在暴力中时,他们通过及时或延迟的模仿观察到的攻击行为,有意或无意地学习到攻击的脚本,并且会在未来的情境中编辑脚本,用脚本指导行为。当触发攻击的情境出现的时候,攻击脚本会被激活指导个体做出攻击行为。因此个体的暴力暴露经历越多,他们就越可能学习和应用攻击脚本。由于网络攻击的匿名性和便利性,个体更加可能将学习到的攻击脚本应用到网络攻击上。网络攻击行为也是暴力暴露的一个来源,同时进行网络攻击的过程也是攻击脚本排练和重复的过程,这个过程也增加了攻击相关信息的连接、激活和易得性,使个体更加容易产生敌意自动思维,寻求敌意信息。

敌意自动思维是一种敌对的自动思维,是一种对攻击的想象,是暴力暴露经历和网络攻击间相互联系的关键桥梁。敌对的自动思维是一种消极的自动思维,发生在被激怒之后,是指反复出现的敌对思想,包括在头脑中构想如何报复、如何对他人进行身体攻击,以及如何贬损他人(Snyder et al.,1997)。敌意自动思维可以有意无意地被攻击脚本触发,不需要意志驱动,并且具有重复性和侵入性。暴力暴露经历可以激活与报复、伤害相关的攻击思维,并且增强敌意思维的易得性。同时,敌意自动思维会让人不断地排练攻击脚本,使得攻击相关的连接一直被激活、维持和增强,这就会使人们对情境做更多的敌意归因。这个归因会导致个体遇到更多的人际冲突,寻求更多的暴力信息。因此敌意自动思维可以预测暴力暴露和网络攻击行为。

三、一般攻击模型

安德森和布什曼(Anderson & Bushman,2002)综合了社会学习理论、脚本理论、扩散激活理论、社会交互理论等,提出了一个综合的理论,即一般攻击模型。一般攻击模型用输入变量、路径变量和结果变量来描述攻击产生的原因(如图1.2.1)。输入变量包含个体因素(如人格、信念、态度、一般的倾向性)和环境因素。稳定的人格因素在不同的情境、时间下都会展示出一致性,这种一致性也是个体使用脚本、图式和其他知识结构的结果,是知识结构的总和,会影响个体寻求哪种环境,回避哪种环境,进一步又会促进特质的一致性。这些个体因素共同构成了个人对攻击的倾向性。之前研究表明特定的特质类型会促进个体产生高水平的攻击行为。如在模糊情境下容易做出敌意归因的个体,更容易做出攻击行为。

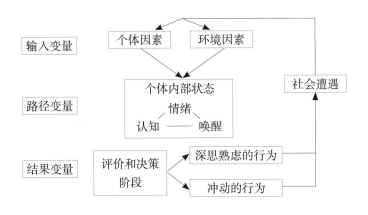

图 1.2.1　一般攻击模型

许多类型的信念都在攻击倾向方面发挥着作用。效能感是尤其重要的。相信他们能够成功地进行特定的攻击行为（自我效能），并且这些行为将产生期望的结果（结果效能）的人，与那些对攻击行为的效能不那么自信的人相比，他们更有可能做出攻击行为。与攻击相关的信念预测了未来攻击行为的水平（Huesmann & Guerra, 1997）。个体因素的另一个重要因素是态度，即对人或事物的一般性的评价。对待暴力的积极态度将促进攻击行为的产生。最近的纵向追踪、设计的研究表明暴力态度预测 6 个月后的攻击行为，即暴力态度高的个体 6 个月后表现出的攻击行为也会更高。

环境因素主要有攻击线索，即对记忆中攻击相关概念有启动作用的事物，如枪支、刀、攻击类的词语等；激惹事件，如侮辱、辱骂、身体攻击、欺凌等；挫折，即目标受阻。激惹也可以作为是一种挫折。另外，疼痛、不舒适、酗酒和奖励等皆为环境因素。

路径变量主要包含情绪、认知和唤醒，这三者是相互影响的。最后是评价和决策的结果变量。输入变量会通过影响路径变量来影响攻击行为。

有学者对一般攻击模型进行了进一步的发展，提出攻击的时间路径模型。该模型将路径变量分为事前路径变量和事后路径变量，且这两种因素都包含了状态和特质两个水平。状态事前路径变量是指个体在当前情景下对激惹事件或攻击事件的立即的心理反应和加工过程,这依赖对当前线索的感知。这种事中反应,反映的是对攻击和激惹刺激的第一时间的体验。状态事后因素或反应是指对之前的攻击事件、激惹事件或刺激,而不是当前刺激的延迟的反应或心理加工过程,这包含和依赖个体的记忆、回忆、反思及和之前愤怒和激惹有关经历的感受。事后反应反映了对先前攻击性或挑衅性事件的重新体验(例如通过回忆和反思),而不是对当前事件的感受和认知。因此,事中反应和事后反应具有不同的时间属性。例如,对于相同的主观的攻击性或挑衅性事件,事后反应必须发生在事中反应之后,并且一些事中反应可能是事后反应的内容。此外,事中反应必须发生在主观上具有攻击性或挑衅性的事件中,但事后反应更经常发生在非攻击性或无激惹的事件中。

特质事中和事后因素是较低层次的人格因素,专门关注攻击或挑衅领域。特质事中因素(事中倾向)指的是处理当前攻击或挑衅性刺激的倾向,而特质事后因素(事后过程倾向)则指的是重新体验(如通过回忆和思考)先前攻击性或挑衅事件的倾向。事中倾向反映了对当下主观上具有攻击性或挑衅性的刺激做出反应的习惯和偏好。事后反应倾向反映了对先前攻击性或挑衅性线索的回忆、思考和感受情绪的习惯和喜好。敌意归因偏向被认为是典型的事中反应倾向,是指一个人在模糊情境下,将他人的意图归结为有敌意的认知倾向。它反映的是个体当前在模糊情景下的反应偏好,而不是指和之前的攻击或挑衅事件相关的回忆、反思和感受。愤怒沉浸是一种典型的事后反应倾向,包括思考与愤怒有关的事件的原因、过程和后果,或反复不断地回忆愤怒的感受,并试图报复(Sukhodolsky et al.,2001)。这种倾向强调是对目前没有发生的先前的攻击性或挑衅性事件的重新体验(回忆、思考和感受)。

该模型也被多个研究所证实。如笔者一个纵向研究发现个体的神经质人格可以通过事中反应倾向(敌意归因偏向)和事后反应倾向(愤怒沉浸)两条路径预测攻击行为(朱文凤,夏凌翔,2021)。同样儿童虐待经历的遭遇也会通过事中反应倾向(敌意归因偏向)和事后反应倾向(愤怒沉浸)两条路径预测攻击行为(Zhu et al.,2020)。

四、社会信息加工理论

社会信息加工理论（Dodge & Coie,1987,Dodge & Crick,1990）认为个体的社会行为是一系列的加工步骤决定的,包括了对社会线索的编辑、对社会线索的解释、目标的澄清、反应选择和建构、反应决策和行为执行六个步骤。如果个体在情境中能有效加工每个步骤,则会产生良好的适应行为。而有偏见或有缺陷的处理则会导致异常的社会行为（如攻击行为）。如第一个步骤通过注意和感觉编辑情境线索,胜任的反应者准确地编辑情境中的相关线索或情绪,而攻击个体可能不能准确对威胁线索做出反应或者对威胁线索过于警觉。第二步解释编辑的线索,胜任的反应者能准确地解释其他人的意图,而攻击的个体存在敌意归因偏向。第三个步骤是为当前情境制定一个目标,胜任的反应者可以实现目标间的平衡,制定符合社会规范的目标。而攻击个体在制定目标时,对社会规范和道德的考虑可能存在不足或忽视,往往制定反社会的或违背社会规范的目标。第四步对可能的行为进行反应。胜任的反应者对人际挑战生成胜任的合理的解决方案,而攻击反应者常常采用攻击的反应。第五步决策阶段,胜任的反应者评价他们潜在的反应的积极和消极的后果,重视这些后果,并选出最佳反应进行实施,而攻击性反应者要么没有考虑后果（而是冲动地反应）,要么通过高度重视短期自私的收益来评估攻击性的后果,认为攻击的后果是有利的,并且这六个步骤是相互影响的,形成了一个环形关系。

目前的研究表明对线索的解释偏差,如敌意归因偏向常常和反应性攻击有关,而攻击结果预期常常和主动性攻击有关。最近纵向研究采用交叉滞后的分析方法发现敌意归因偏向可以预测六个月的反应性攻击,同时反应性攻击也可以预测六个月后的敌意归因偏向（权方英,夏凌翔,2019）。实验研究发现攻击结果预期越积极,个体做出的主动性攻击就越多（弓鑫钰,2019）。

第二章

主动性攻击的理论论述

  虽然之前学者提出了多个理论来解释攻击产生的原因,但还没有专门用以解释主动性攻击产生原因的理论,夏凌翔教授与笔者共同对关于主动性攻击的理论进行整理并在已有理论的基础上提出了主动性攻击的动机理论。

第一节

主动性攻击相关理论简述

目前还没有专门针对主动性攻击的理论,已经存在的理论中有部分可以用来解释主动性攻击产生的原因。

一、社会互动理论

社会互动理论(Andersson & Pearson,1996)将攻击行为(或胁迫行为)解释为社会影响的行为,即行为人使用攻击行为来改变目标的行为。行为者可以使用攻击行为来获得有价值的东西(如信息、金钱、商品、性、服务、安全),为感知到的错误伸张正义,或获得期望的社会和自我身份(如坚韧、能力)。根据这一理论,行动者是一个决策者,其选择是由预期的回报、成本和获得不同结果的概率决定的。社会互动理论为受更高层次(或最终)目标激励的攻击行为的产生(如主动性攻击)提供了一种解释。该理论认为攻击只是一种达到自己目标或获得个人利益的手段,个体的攻击行为主要是受到了物质或社会奖励的驱使。

二、一般攻击模型

一般攻击模型中适用于主动性攻击的理论解释主要有以下几点。

第一,在个体因素中,一般攻击模型认为对攻击结果的积极预期、对攻击的积极态度会促进攻击行为的产生。另外,价值观即人们认为什么是应该做的或必须做的,对攻击起到促进和抑制的作用。

第二,在情境因素中的奖励线索,会在攻击中起到诱因的作用。一个物体在人们心中的价值逐渐升高,这会让个体调整自己感受到的外显或内隐的成本和收益比例,以增加预谋性的、工具性的或者主动性的攻击行为。

第三,抑制和抑制作用的失效。很多人即使自己不会被发现或被惩罚,他们也不会做极端的暴力行为。在很大程度上,这是自我调节的结果。这样的自我调节使自己很难逃脱自己的道德标准。自我形象、自我标准和自我价值感皆被用于行为的自我调节。然而,道德标准正常的人有时也会犯下谋杀、对他人实施酷刑甚至种族灭绝等行为。这是因为人们启动了道德推脱的机制,这种机制主要包含道德合理化和将受害人非人性化等。极端和大规模暴力常见的合理化理由包括这是为了大众的、社会的利益,或者个人荣誉要求人们做出暴力行为等。这些理由可以适用于多个层面,从父母虐待儿童到种族灭绝战争等。剥夺受害者的人性是通过确保道德标准根本不适用该受害人来实现的。战争宣传显然符合这种机制,但人们也在个人层面上使用它。潜在的受害者被置于最终的外群体——一个非人性化的群体。本质上,创建了新的知识结构,明确地将目标群体转移到一个可攻击性的群体,是脚本中被攻击的一部分的类别。在日常生活中的攻击行为也会通过贬低受害人来实施。

一般攻击模型是目前用来解释攻击产生过程的重要理论之一,并且该理论明确提出了攻击可以分为反应性攻击和主动性攻击。根据主动性攻击的特征可以指出工具性动机、道德抑制动机和道德许可动机是其的重要动机因素。

三、社会信息加工理论

社会信息加工理论提出,攻击的产生会经过六个步骤:即线索的编码、解释、目标的澄清、反应的搜索和建构、反应决策、行为执行。其中主动性攻击的产生更多的是与反应的决策过程有关。经过反应的搜索后,个体会对可能产生的行为进行评价,对可能反应的评价主要涉及三个方面:1)反应评价;即对每个反应的内容进行评价;2)结果预期;对每个反应的结果进行评价;3)反应效能评级;自己相信在多大程度上可以成功的实施该反应。主动性攻击的个体更加可能在反应评价和结果预期中出现异常。

反应评价包含了对社会行为特定维度的质量的评级,如友善或亲和等。这个评价更可能给予道德规则或道德价值,如认为打人是不好的事情,帮助他人是好的事情等。社会不适应的个体(如攻击的个体)更加可能会认为,攻击是可以采取的行为,可以接受的行为。

结果预期被定义为个体认为被选定的社会行为实施后,在社会互动中可能发生什么。特定行为的积极或喜爱的结果预期与接下来的主动性攻击的实施是正相关的。特定行为的结果预期是正性的还是负性的,结果预期对行为的实施会起到促进和抑制的作用。目前研究指出:积极的结果预期更多的与主动性攻击有关。国内的研究者夏凌翔教授及其团队通过操纵奖励的大小,来操作积极结果预期,用电击的次数作为主动性攻击的得分。结果发现,当个体预期通过电击能够获得更多金钱的时候,个体会做出更多的攻击行为(弓鑫钰,2019)。

四、道德相关的社会认知理论

笔者整理一系列与道德相关的理论,并将其命名为道德相关的社会认知理论。该理论认为人类的行为受到了诱惑物,如社会奖励或物质奖励的驱动,同时也会受道德标准的限制。第一,个体的不道德行为受到道德标准的抑制。随着个体的成长,个体判断对错的标准会逐渐形成,用以指导人们的行为。当个体的行为违反自己的道德标准的时候,会产生自我责备(Bandura,1991),内疚、羞愧等情绪就会接踵而至。当个体面临道德决策的时候,个体的道德系统即自我调节系统会被激活,以降低人们做不道德行为的可能。很多时候人们可以拒绝利益的诱惑,而不做不道德行为。其中一个理由就是受到了个体的道德系统的调节。第二,人们的行为受到道德判断的指导。这种指导需要在自我调节的系统下进行。人们通过道德标准和自我制裁来进行自我调节(Bandura,1999)。道德机制可以让个体区分对错,明白怎么做是好的,怎么做是不好的。做了对的事情会有自我价值感和自豪感,带给自己的这种积极地反馈会进一步驱使个体做符合自己道德标准的事情;而做了不好的事情后,会体验到自我贬损和良心的谴责,这种消极的反馈会进一步约束个体做违背道德的事情。当个体的道德机制有效的时候,人们会为给他人带来好处和福利而骄傲。同时他们明白伤害他人或侵犯他人的利益是不道德的,也会因为伤害他人或侵犯他人利益而内心感到紧张不安,这在一定程度上也会约束个体不去做侵犯他人的行为。

即使能够判断什么是对什么是错,愿意承担道德义务,人们有时候也不一定去做正确的事情,其中一个原因是道德自我调节的失效或减弱。面对利益或奖励的诱惑,人们的道德自我调节的作用会降低或暂时失效,道德推脱在这其中发挥着重要作用,它会让个体从自己的道德束缚中解脱出来,以此降低不道德行为带来的自我谴责(Bandura,1991)。道德推脱(moral disengagement)是一种认知偏差,其特征是倾向于体验认知,这些认知有助于重组个人的行为,使其看起来伤害不大,最大限度地减少他们在行为结果中的责任,并减少由于他们给他人带来的痛苦而产生的抑郁心境(Bandura,1991,Bandura,1999,Bandura et al.,1996)。当人们的行为是暴力的或非道德的(如主动性攻击,为了自己获益或达成自己目标而做出伤害他人的行为),违背了自己的道德标准,道德推脱就会被用来降低自我责备或将自我责备制裁最小化。道德推脱包含八个策略,前三个包含道德合理化、委婉标签和有利比较,用于重构暴力行为,这在一定的程度上能提高道德可接受度,净化和解释自己的行为,从而降低自己的伤害责任,使自己看起来是道德的、公义的。责任分散、推卸责任和结果的扭曲和辩护,通过这些策略使自己做出的行为结果看起来影响最小化或被忽略,从而忽略或扭曲不道德行为的结果。最后通过将受害人非人性化和责备受害人等手段,减少伤害他人造成的自我责备和自我厌恶,以促进不道德行为的实施。

道德抑制系统会通过道德标准、道德情绪、道德认知等对主动性攻击起到抑制作用,而道德推脱会使人们应用多种策略来降低道德抑制对主动性攻击的束缚,从而促进主动性攻击的实施。以上理论均可用于解释主动性攻击的产生过程,可以帮助人们理解主动性攻击的本质。但是这些理论缺乏系统性,下节内容笔者将根据以上理论建构主动性攻击的理论。

第二节

主动性攻击产生的动机模型建构

　　根据以上理论和之前的实证研究,夏凌翔教授与笔者共同提出了主动性攻击的动机理论(zhu, et al.,2021)。主动性攻击包含了三个主要的动机即工具性动机、道德抑制动机和道德许可动机。这三个动机的产生有一定的先后顺序,并且相互影响。

一、主动性攻击产生的动机

(一)工具性动机

　　工具性动机是指由社会奖赏或物质奖赏驱动的,是通过攻击的方式获得目标和利益的一种趋近动机(Anderson & Murphy,2003,Smithmyer et al.,2000),在积极的奖赏预期的驱动下产生。之前研究表明对权利的渴望或对个人利益的追求是促进主动性攻击产生的主要原因。积极结果预期(如认为主动性攻击会带来更多的资源或好的心情)对主动性攻击有重要的驱动作用(Arsenio et al.,2004,Crick,1996,Hubbard et al.,2010,Smithmyer et al.,2000)。国内夏凌翔教授的团队最近的研究发现,操纵主动性攻击的结果预期,可以改变主动性攻击发生的可能性,结果预期越积极,主动性攻击越可能发生(弓鑫钰,2019)。

(二)道德抑制动机

　　根据攻击的定义,攻击涉及伤害他人的行为和意图两个方面,这种行为一般会违背自己的道德标准,被认为是不道德行为。主动性攻击尤为如此,因为主动性攻击被强调是有预谋的或深思熟虑的、有计划的行为(Dodge et al.,1997)。当个体做出主动性攻击决定的时候,人们能够清楚地认识到自己所做的伤害行为是不道德的。人们的道德系统会自动地抑制主动性攻击行为,因为该系统会倾向于抑制为了自己的利益伤害他人的行为(Tangney et al.,2007,Caprara et al.,2017),除非这种行为是合理合法的(如为了公平正义而做出的攻击行为)。

道德抑制动机包含了道德情绪和道德认知两个方面。道德认知主要来源于对于攻击行为对错的认识及对于他人的想法、状态、意图的推测(如为了自身的利益攻击他人的行为带来的他人的看法);攻击对他人带来的痛苦会给自己带来抑郁、内疚等情绪(Civai et al.,2012,Cushman et al.,2012),同时个体会对伤害他人产生厌恶的情绪,这些情绪就构成了主动性攻击的道德情绪。

具体来讲,人们在面临主动性攻击选择的时候,会考虑各种潜在的行为反应,并对每种选择进行评价。如果个体产生了主动性攻击的选择,在评价的时候,人们会考虑该行为对他人及对自己的影响,会评价攻击行为对他人是否会造成伤害,该行为是否违反了自己的道德标准,是否是好的行为,以及实施后别人对自己的看法。这些道德认知会在一定程度上减少人们做不道德行为,包括主动性攻击的可能。同时,人们也会对该行为带来的情绪体验进行评价。当个体做了违背自己道德标准的行为时,道德情绪便会出现(Haidt,2003)。内疚是道德情绪的典型代表,它会给人带来一种内心的紧张和不适。为了避免这种情绪的产生,人们会抑制自己做出违背道德的自私行为,推动个体做正确的、道德的事情,制止人们做出有损他人福利和社会利益的事情(Haidt,2003,Kroll & Egan,2004)。同时,在对行为进行评价的时候,人们可能会预期到主动性攻击带来的内疚情绪,从而降低对主动性攻击选择的可能性。伤害厌恶作为道德抑制动机的另一个重要成分也已被夏凌翔教授团队所证明(茹怡姗,2020)。该研究表明启动人们的伤害厌恶会降低个体的主动性攻击水平。

(三)道德许可动机

道德许可动机是一种趋近动机,驱动人们回避、降低或缓解对伤害行为的负向预期或解除道德抑制,并且通过一定的心理策略应用在道德决策的时候,促进攻击行为的实施(Crockett et al.,2017,Gao et al.,2020,Hardy et al.,2015,Zhu,Wang et al.,2019）。道德推脱是道德许可动机的重要策略。通过不同的道德推脱策略，个体可以重组攻击的原因，弱化或否认自己伤害他人的原因和意图，将自己伤害他人的原因合理化，弱化伤害的后果，从而降低自己做主动性攻击带来的负性情绪，如由内疚、同情带来的抑郁等（Hardy et al.,2015）；降低道德抑制的束缚，从而使自己理所应当地做出主动性攻击。之前的研究也发现道德推脱是个体做出反社会行为如欺凌行为的重要认知偏差（Bandura,1991）。很多研究表明道德推脱对主动性攻击具有促进作用（Gianluca et al.,2014,Cabré,2014,肖明岳,2019）。最近的纵向研究也发现了，道德推脱可以预测六个月及一年后的主动性攻击。具体来讲，当个体决定进行主动性攻击时，他们会用道德推脱的策略来否认或弱化自己伤害他人的意图，以帮助个体降低道德抑制。换句话说，人们会用道德推脱的策略重构攻击的原因。另外，精神质（Bezdjian et al.,2011,Raine et al.,2006）、低水平的共情、（Euler et al.,2017）、低水平的心理化（Austin et al.,2017）和低水平的内疚（Naqvi et al.,2006）会导致较高的主动性攻击。这些特质会增加个体的道德许可，即道德许可动机会促进主动性攻击的产生。

（四）主动性攻击发生的控制系统

人类的行为组织离不开对思想和行为的控制。当执行任务中有冲突反应的干扰时，就需要控制系统发挥作用，保护当前任务不受有冲突的、无关的信息的干扰。与当前任务有冲突的、无关的信息会阻碍人们的目标行为的实施，为了保证在出现干扰的、有冲突的反应倾向中，做出目标行为，就需要控制系统来监控和解决目前的冲突，抑制非目标反应。认知理论因此也指出冲突控制系统的重要作用就是防止目标行为受到冲突信息的干扰（Botvinick et al.,2001,Kiefer et al.,2005,Kiefer & Martens,2010）。这个控制系统在我们的行动与认知间的协调中发挥着重要作用，它需要维持我们认知过程中的选择、调度和协调与我们的行动目标相一致。个体在做主动性攻击选择时，会面临以上三种动机：即工具性动机、道德许可动机、道德抑制动机间的相互对抗和冲突。根据社会信息加工理论，当我们面临奖赏线索时，如果认为奖赏对我们很重要，我们的目标是要获得奖赏，经过搜索发现通过攻击他人获得奖赏是一种选择。那么我们在对这个选择评价的时候，就会面临道德抑制动机、工具性动机和道德许可动机的冲突。如果想要最终成功地实施攻击行为或不攻击行为，皆需要个体克服或解决冲突。这里的冲突控制系统在主动性攻击决策的过程中，主要负责主动性攻击的三个动机间的整合和协调。根据自己的目标，降低或者增加特定动机的权重，最终经过一系列的思考、计算和权衡做出自己的选择。

二、主动性攻击产生的动机过程

主动性攻击的工具性动机、道德抑制动机和道德许可动机这三种动机成分之间相互影响，并不是孤立存在的，且在时间上可能存在一定的先后顺序，三者共同决定了个体最终是进行主动性攻击还是不进行该行为（见图 2.2.1）。

主动性攻击是指为了个人利益伤害他人的意图或行为。主动性攻击被认为是不道德的或违背个人道德标准或社会准则的（Anderson & Bushman，2002，Zhu，He et al.，2022，Crockett et al.，2017）。当个体面临物质利益或社会奖赏的诱惑，在头脑中搜索到且有机会通过攻击反应来获得这些利益或奖赏的时候，人们的工具性动机就会产生，并且促使人们采用主动性攻击的行为。但人们对自己的形象都非常在意，人们希望自己在别人眼里都是道德的人、是符合社会主流价值观的人，同时也想获得利益，达成自己的目标（Batson et al.，2003，Haidt，2001，Ryan，1997）。此时人们就会面临两个平行冲突，即攻击的工具性动机。想要通过攻击的方式使得自己获益的趋近动机和道德抑制动机，自己的道德系统会对主动性攻击进行约束（Blair et al.，2007），从而产生了道德冲突。即伤害他人对自己是有利的，但是伤害他人又是不道德的冲突（Lowell，2012），这个冲突引发了认知和道德失调。要恢复认知和道德平衡，缓解内心的紧张，帮助个体成功做出攻击的行为，道德许可动机如道德推脱就会被产生，以用来降低或缓解道德抑制动机（Bandura，2002，Hardy et al.，2015）。

在人们做出主动性攻击选择的过程中，工具性动机优先出现，主动性攻击的反应首先由工具性攻击驱动,工具性动机促使人们产生了伤害他人的动机或意图。此时道德系统被激活,并产生了道德抑制的回避动机,该动机会抑制或者减弱个体的工具性动机,从而降低了人们做出主动性攻击的可能性。

道德抑制的回避动机和工具性动机的趋近动机相互作用,并产生了道德冲突和道德失调。此时人们要在认知协调的状态下做出主动性攻击行为,就需要采用道德许可的策略,以降低个体的道德冲突和认知失调。道德抑制动机和道德许可动机相互作用,也会产生相互对抗和牵制的力量。道德抑制动机强的时候,如果想做出主动性攻击,就需要更强的道德许可动机来解除或消除道德抑制的束缚;而道德抑制弱的时候,仅需要较弱的道德许可动机就可以缓解甚至是解除道德抑制动机的限制,最终进行主动性攻击。

道德许可动机和工具性动机也会相互作用。工具性动机的驱动作用越强,个体就越容易采用道德推脱策略,使主动性攻击行为在道德上得到许可。同时道德许可动机越强又会降低或减弱道德抑制动机对工具性动机的抑制作用,这也会使个体的工具性动机的驱动力增强。

总之,主动性攻击的三个动机:工具性动机、道德抑制动机和道德许可动机在它产生的过程中彼此相互影响、相互作用,形成了一个循环。总的来说这三种动机是主动性攻击的主要动机。道德抑制动机会阻止个体做出主动性攻击,道德许可动机和工具性动机会对主动性攻击的产生有一定的促进作用。另外,冲突控制系统会根据当前的目标对这三种动机进行协调和整合,最终这三个动机共同决定个体的行为选择。

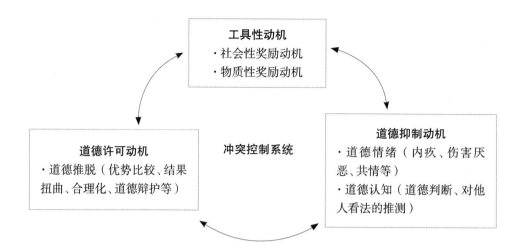

图 2.2.1　主动性攻击产生的动机因素

第三节

主动性攻击产生的动机—神经模型

一、主动性攻击的脑基础

（一）主动性攻击的工具性动机相关的脑基础

主动性攻击驱动人们进行主动性攻击决策，因此当人们要做主动性攻击时，与工具性动机相关的脑区应该会被显著激活。对攻击选择的奖赏预期是工具性动机的主要认知成分（Anderson & Murphy, 2003, Arsenio et al., 2004, Crick & Dodge, 1996, Smithmyer et al., 2000）。之前研究（Pfabigan et al., 2014, Salamone & Correa, 2012, Kohls et al., 2013），和我们通过 neurosynth（http://neurosynth.org）做的元分析结果指出内侧前额叶（medial prefrontal cortex, MPFC）、辅助运动区（supplemental motor area, SMA）、眶额叶皮层（orbitofrontal cortex, OFC）、伏隔核（nucleus accumbens）、壳核（putamen）和尾状核皆会涉及奖赏预期（见图 2.3.1）。并且之前研究发现包括伏隔核、壳核和尾状核的纹状体系统在物质和社会奖赏预期中发挥着重要作用（Lorenz et al., 2014, Pfabigan et al., 2014, Stark et al., 2011）。眶额叶可能在奖赏历史，几个实验试次累计的证据中起到整合作用，并以此计算预期结果，来指导选择（Schoenbaum et al., 2009）。工具性动机是一个趋近动机，这也会涉及趋近动机相关的脑区，如左侧背外侧前额叶、眶额叶、壳核和尾状核等（Miller et al., 2014, Spielberg et al., 2011）。因此，包括伏隔核、壳核、和尾状核的纹状体系统和眶额叶在工具性动机中会有重要作用。

（二）主动性攻击的道德动机的相关脑区

主动性攻击的道德动机包含了道德抑制动机和道德许可动机（Anderson & Bushman, 2002, Bandura et al., 1996, Crockett et al., 2017, Festinger, 1957, Tangney et al.，2007）。道德抑制动机主要由共情、内疚、心理理论、伤害厌恶和道德决策构成。通过 neurosynth（http：//neurosynth.org）网站做关于共情、道德和心理理论的元分析，结果显示内侧前额叶、颞顶联合区（temporo-parietal junction，TPJ）、海马旁回（parahippocampa gyrus）、杏仁核（amygdala）、颞中回（middle temporal gyrus，MTG）、眶额叶（OFG）、额下回（inferior frontal gyrus，IFG）、脑岛（insula）、颞上回（superior temporal gyrus，STG）、楔前叶（precuneus）和缘上回（SMA）在以上成分中起重要作用（见图 2.3.1）。反社会行为的神经道德理论表明，和道德决策相关的脑区如额叶、杏仁核、脑岛、前扣带和颞叶皮层可能是暴力、反社会和精神质行为的神经基础（Han，2020，Raine，2019，Raine & Yang，2006）。已发表的元分析结果也表明，内侧前额叶、楔前叶、颞顶联合区、眶额叶和杏仁核等脑区会参与道德认知和道德情绪（Eres et al.，2018，Bzdok et al.，2012）的加工。由以上研究可见，内侧前额叶、颞顶联合区、杏仁核、脑岛、颞中回等是道德抑制动机的重要脑基础。

道德许可动机需要解除和缓解个体产生的道德抑制动机，这其中除了涉及道德抑制动机相关的脑区，还会涉及控制系统相关的脑区。

（三）主动性攻击的控制系统相关的脑基础

在进行主动性攻击的过程中会出现认知冲突和道德冲突，这些冲突需要进行认知控制和调节，因此与认知控制和调节相关的脑区也是主动性攻击的必要脑区。笔者用 neurosynth（http：//neurosynth.org）网址做了认知控制相关脑区的元分析，结果发现内侧前额叶、前扣带、背外侧前额叶、额下回、中扣带、顶下、丘脑和尾状核是认知控制的重要脑区（图 2.3.1）。之前的研究发现前扣带、背外侧前额叶、额下回会参与认知控制相关的任务（MacDonald et al.，2000，Polosan et al.，2011，Zurawska Vel Grajewska et al.，2011）。研究表明这些脑区在冲突解决（Bunge et al.，2002，Wittfoth et al.，2009）、冲突监控（Botvinick et al.，2001）、反应抑制（Kireev et al.，2013，Padmala & Pessoa，2010）和认知重评和调节（Kohn et al.，2014，Opialla et al.，2015）中起着重要作用。如前扣带皮层（ACC）被评价为是冲突监控的重要脑区,会参与反应评价的过程,在监督选择的行为反应与行为目标是否相符合中有重要作用(Blair et al.,2007,Botvinick et al.,2001,Botvinick et al.,2004,Kiefer et al.,1998,Ruchsow et al.,2002,Ruchsow et al.,2010)。背外侧前额叶(DLPFC)是认知控制的重要脑区之一,可能在有冲突的行为选择中动态的调节行为选择,并实施执行控制(Duncan,2001,Mansouri et al.,2007,Mansouri et al.,2009,MacDonald et al.,2000)。而额下回主要在反应抑制的过程中被激活(Padmala & Pessoa,2010),并且最近的影像学研究也发现了额下回参与了深思熟虑的欺骗等不道德的行为(Kireev et al.,2013)。这些结果表明前扣带、额下回和背外侧前额叶这些脑区可能是认知控制(包括冲突解决、监控和认知重评和调节)的神经基础,这些脑区会在主动性攻击决策中起重要作用。

除此之外,道德情绪和认知重评也需要控制系统的参与。背外侧前额叶和额下回参与了情绪和认知调节和重评,在其中发挥着重要作用(Kohn et al.,2014,Opialla et al.,2015)。背外侧前额叶被评价为是负责情绪加工的关键脑区(Phillips et al.,2003),并在调节情绪的过程中起着举足轻重的作用(Ochsner Gross,2005)。元分析的结果发现,背外侧前额叶参与了情绪调节的过程,在其中起认知控制的重要作用(Opialla et al.,2015)。同样相对于不控制的条件,背外侧前额叶在认知重评的任务下激活更强(Herwig et al.,2007,Ochsner et al.,2002)。额下回在情绪调节中也有着关键的作用(Ochsner & Gross,2005,Phillips et al.,2008)。该脑区在情绪加工中有重要作用(Lindquist et al.,2012,Phan et al.,2002,Wager et al.,2003),参与了社会认知、行为抑制和多种形式的情绪加工。在认知重评(Herwig et al.,2007)及反应抑制(Collins et al.,2012,Zhang et al.,2012)中亦被激活。

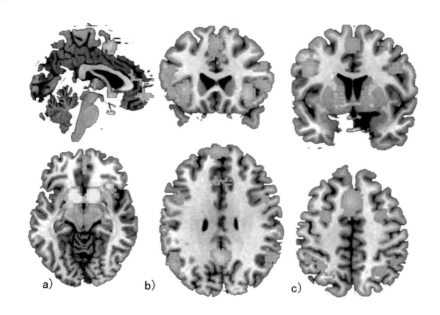

图 2.3.1　元分析结果

（a）代表奖赏预期相关的脑区的元分析结果；（b）代表道德相关的神经基础的元分析结果；（c）代表认知控制相关的脑基础的元分析结果

二、主动性攻击产生的动机—神经模型

由以上论述可知，主动性攻击会涉及四个心理过程：即工具性动机、道德抑制动机、道德许可动机及冲突的解决和控制过程，且每个过程都有对应的相关脑基础。根据主动性攻击的心理和相应的脑基础，笔者及团队成员提出了主动性攻击产生的动机—神经模型（zhu, et al.,2022）（见图 2.3.2）。主动性攻击的各个心理过程及脑基础之间相互影响，共同决定了主动性攻击的反应选择。

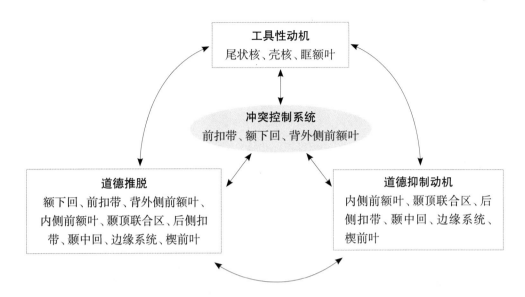

图 2.3.2　主动性攻击的动机-神经模型

第三章

主动性攻击的测量

攻击的研究离不开有效的测量工具，本章笔者整理了特质和状态主动性攻击的测量工具，为其研究提供一定的工具基础。

特质主动性攻击的测量

特质主动性攻击倾向的测量工具主要是问卷测量。从施测对象来分,特质主动性攻击倾向的问卷测量主要包含了自陈类问卷和他评类(教师评定和父母评定)问卷。自陈类问卷主要包含针对正常的儿童青少年的自陈问卷和针对智力或发育障碍者的自陈量表。针对正常的儿童/青少年的自陈问卷主要包含了反应性—主动性攻击问卷(Reactive-Proactive Aggression Questionnaire,RPQ)、反应性和主动性攻击自陈工具(Self-report Instrument for Reactive and Proactive Aggression,IRPA self-report;Rieffe et al.,2016)等。

一、自陈量表

(一)主动性攻击自陈工具(Self-report Instrument for Reactive and Proactive Aggression, IRPA self-report)

问卷是五级量表("1"代表"从不","5"代表"经常"),用于测量9—13岁儿童的反应性和主动性攻击(Rieffe et al.,2016)。反应性和主动性攻击各含18个题目。该问卷的结构效度良好(S-Bχ2(8)= 34.06,SRMR = 0.04,CFI = 0.96,RMSEA = 0.08)。主动性攻击子问卷要求儿童在量表上评定自己最近四周内发生的由主动性攻击动机(例如:我想变得刻薄、我想从中得到乐趣和我想成为领导)驱动的三种身体攻击(踢、打、推)和三种关系攻击(起外号、挑逗、传播流言蜚语)的频率,如,"我最近四周踢了别人,是因为我可以从中得到乐趣"。分析该量表的题目,我们可以发现这些题目同样包含了测量自主性主动性攻击的题目(如由我想从中得到乐趣的动机驱动的主动性攻击)和工具性攻击的题目(如由我想成为领导和我想变得刻薄（mean）的动机驱动的主动性攻击）。

（二）敌意与主动性攻击量表。

敌意与反应性—主动性攻击的儿童量表（Children's Scale of Hostility and Aggression：Reactive/Proactive，C-SHARP；Farmer & Aman，2009）和由此发展出来的敌意与反应性—主动性攻击的成人量表（Adult Scale of Hostility and Aggression Reactive—Proactive，A-SHARP；Matlock & Aman，2011）是针对智力或发育障碍的个体发展出的反应性—主动性攻击测量工具。由患者本人进行自评。儿童量表用于测量有发育障碍的儿童反应性—主动性攻击，它包括问题量表和挑衅量表两个部分。问题量表包括五个分量表，共 52 个题目。这五个分量表及其题目数分别为：口头攻击（12 个，如，当面侮辱他人）、欺负 / 欺凌（12 个，如，用物体打别人）、隐蔽攻击（11 个，如，嘲讽）、敌意（9 个，如，憎恨的）和身体攻击（8 个，如，绊倒别人）。挑衅量表用来测量攻击的动机，以判断攻击行为是属于反应性还是主动性的。被试首先对问题量表的题目（如，用物体打别人）进行 4 点评分（"0" 代表从未发生，"3" 代表严重 / 频繁），如果得分不为 0，则进一步在挑衅量表上对这个行为是激惹性的还是主动性的进行 5 点评分（"–2" 代表挑衅性的 / 反应性，即只有在被挑衅的时候才会做，没有计划；"2" 代表无挑衅的 / 主动性的，即总是行为的发起者）。某一攻击行为在挑衅量表上的得分大于 0 就是主动性的，小于 0 就是反应性的，等于 0 就作为中立的（在挑衅、无挑衅条件下发生的可能性相同）。主动性攻击的分数为在挑衅量表中得分大于 0 的问题量表上的题项的得分之和（Farmer et al.，2016）。而成人量表是在 C-SHARP 的基础上发展而来，用于测量 18 岁以上的有发育障碍的成人。量表的结构、计分方法等均与 C-SHARP 相同。所不同的是，其问题量表的总题目数为 48，比 C-SHARP 少四个。这两个量表的主动性攻击和反应性攻击题目的划分，主要依据的是主动性攻击的第四个特征，即主动性攻击在无激起的条件下发生。

（三）反应性−主动性攻击问卷（Reactive-Proactive Aggression Questionnaire，RPQ；Raine et al.，2006）

目前被广泛用于测量特质主动性攻击的问卷是反应性−主动性攻击问卷（Reactive-Proactive Aggression Questionnaire，RPQ；Raine et al.，2006）。该问卷由23个题目组成，采用0—2三点计分，分别代表"从不""有时""经常"。其中12个题目用于测量主动性攻击。已有研究显示其中的主动性攻击分问卷具有较好的信度和效度（Raine et al.，2006）。该问卷已经有了针对我国的初中生（付俊杰等，2009）和大学生（张万里等，2014）的中文修订版。分析其题目我们可以发现，主动性攻击的题目中既包含了测量自主性主动性攻击的题目（如"为了证明谁最厉害而与别人打架""为了取乐去毁坏东西""为了显得很酷而打群架""纯粹为了好玩而打骚扰电话"），这些题目测量的主动性攻击内部动机，是为了满足自身的内在需要，主要受到内部动机的驱使。同时也包含了测量工具性攻击的题目（如，"为了赢得比赛而弄伤他人""'吼'其他人，以使他/她们为你做事""为了证明谁最厉害而与别人打架""用武力从别人那里得到财物"），这类题目测量的主动性攻击外部动机，是为了获得外部奖赏，受外部奖赏的驱使而产生。本书主要用反应性−主动性攻击问卷（Reactive-Proactive Aggression Questionnaire，RPQ；Raine et al.，2006）来测量大学生的特质主动性攻击水平。

二、他评量表

（一）主动性攻击的教师评定表。

他评问卷的形式主要包含了教师评价和父母评价两种形式的问卷。最早对学生的主动性和反应性攻击进行评定的教师评定问卷是教师评定表（Teacher-Rating Instrument，TRI；Dodge & Coie，1987），该问卷是五级评定量表（"1"代表从不，"5"代表总是），在量表中主动性和反应性攻击的题项各三个。测量主动性攻击的题目是：让其他孩子结伙欺负一个他不喜欢的同伴；使用身体暴力或者使用武力威胁来支配其他的孩子；威胁或欺负其他孩子以达到自己的目的。研究

（Poulin & Boivin，2000）显示，该问卷的信度和效度良好。

后来研究者在教师评定表（TRI）的基础上编制了修订的反应性和主动性攻击的教师评定量表（Revised Teacher Rating Scale for Reactive and Proactive Aggression，R-TRPA；Brown et al.，1996）和父母评定表（Parents-rating Instrument；Poulin & Boivin，2000）。R-TRPA 该量表被用于教师对 3—5 年级学生的反应性、主动性攻击发生的频率进行评定，是三级评定量表（"0"代表从不，"2"代表经常）。包含 10 个主动性攻击（如为了赢得比赛伤害他人）和 6 个反应性攻击的题目。父母评定表包含的反应性和主动性攻击的题目数及内容与教师评定表（TRI）相同，有良好的信度与效度（Poulin and Boivin，2000）。

（二）主动性攻击的父母评定表。

在布鲁等人（Brown et al.，1996）的 R-TRPA 的基础上修订而来的父母评价问卷是修改的反应性和主动性攻击的父母评定量表（Revised Parent Rating Scale for Reactive and Proactive Aggression，R-PRPA；Marcus & Kramer，2001，Ollendick et al.，2009）。该问卷需要父母在三级（"1"代表从不，"3"代表经常）量尺上评定孩子在日常行为中出现主动性（如，"为了赢得比赛伤害他人""说谎""欺负更小的同学"）和反应性攻击行为的频率。艾伦迪克（Ollendick et al.，2009）改编的 R-PRPA 题目数与 R-TRPA 相同，其中，主动性攻击包含 10 个题目（如，"为了赢得比赛伤害他人"），反应性攻击包含 6 个题目。马库斯（Marcus & Kramer，2001）改编的 R-PRPA 的主动性攻击（如，"为了赢得比赛伤害他人"）分量表则包含 8 个题目以及 4 个题项的反应性攻击分量表。

科梅皮（Kempes etal.，2006）的反应性和主动性攻击的父母评定量表（Parent-rating Scale of Reactive and Proactive Aggression，PRPA；Kempes et al.，2006）共含 11 个题目，其中，测反应性攻击的题目数为 6 个，测主动性攻击的题目数为 5 个（如，我的孩子为了达到自己的目的，威胁或者纠缠别人）。父母需要在 1（从不）—3（经常）的量尺上评定孩子发生攻击行为的频率。

（三）主动性攻击的教师报告表。

另一个他评（教师评定）问卷是反应性和主动性攻击的教师报告表（Teacher-report Instrument for Reactive and Proactive Aggression，T-IRPA；Polman et al.，2009）。该问卷是五级量表（"0"代表从不，"4"代表每天都发生）。教师需要在量表上评定10—13岁青少年学生在一个月内发生身体攻击（冲撞、拳打脚踢、推搡）、口头攻击（辱骂、争吵）、隐蔽攻击（做卑鄙的事、传播流言）等三种类型的攻击行为的频率。共有7个题目。对于评分等于或大于1的题目，要使用攻击功能量表做进一步评定。攻击功能量表中包括四个主动性攻击的题项（为了得到他想得到的东西；为了伤害他人或有一定的目的；为了成为领导者；这个孩子可以从这个行为中得到快乐）。攻击功能量表采用五点（0＝从来没有，1＝很少，2＝有时，3＝大部分时候，4＝总是）评分。在攻击功能量表的"主动性功能"上得分高并不意味着这个孩子做了很多主动性攻击行为，而是意味着如果这个孩子做出了攻击行为，这些攻击行为的动机（功能）属于主动性攻击的程度。分析该问卷的题目既包含了测量自主主动性攻击的题目，如当这个孩子可以从此行为中得到快乐这个题目，反映了如果这个孩子做出了攻击行为，其攻击行为的动机（功能）属于自主性主动性攻击的程度。而"为了得到他想得到的东西""为了伤害他人或有一定的目的""为了成为领导者"，这三个功能量表的题目说明如果这个孩子做出了攻击行为，其攻击行为的动机（功能）属于工具性攻击的程度。

以上自评和他评问卷中主动性攻击的题目充分体现了主动性攻击的工具性动机的特征，将攻击作为实现目的或获得利益的手段（如为了赢得比赛伤害他人）。同时也反映出主动性攻击是在没有激惹条件下产生的，个体是攻击的发起人，在做主动性攻击的时候没有愤怒情绪的唤醒，并且都属于违背道德的行为。

状态主动性攻击的测量

之前对主动性攻击的研究主要采用问卷的形式，针对特质主动性攻击（Mayberry and Espelage, 2007, Hubbard et al., 2010, Euler et al., 2017, Austin et al., 2017）的研究。目前只有少量的研究用实验室的任务来测量主动性攻击反应。这些任务主要被分为两类。第一类是无诱因无激惹条件下的主动性攻击任务（Brugman et al., 2015, Dambacher et al., 2015, Sherrill & Bradel, 2017）。第二类是有诱因条件下的主动性攻击任务。

一、无诱因无激惹条件下的主动性攻击任务

最近的两个研究采用泰勒攻击范式（Taylor Aggression Paradigm, TAP），将没有激起条件下，做出噪音惩罚的等级和噪音持续时间的总和作为主动性攻击的指标（Brugman et al., 2015, Dambacher et al., 2015）。该任务与泰勒（Taylor, 1967）的经典攻击任务类似，要求被试在特定信号出现后尽快做出按键反应，并与假被试比赛，按键快的人可以给对方施加噪音惩罚。每轮游戏开始前，双方需要先选择本轮比赛拟给输家施加的噪音等级。在该任务中自主性攻击的测量是将前七个试次安排成无激惹的试次。无论输赢都不会受到来自对手的惩罚。在这前七个试次中被试选择的电击等级及电击时长的总和就是自主性攻击行为的指标。相似地，在另一个研究中，研究者在点减分范式（Point Subtraction Aggression Paradigm, PSAP）基础上发展的社会倾向范式（Social Orientation Paradigm, SOP），点减分范式（PSAP）本来是一种可以有效用于测量激惹条件下个体的反应性攻击的实验任务。实验时实验者告知被试其是和另一个房间的竞争对手一起玩游戏，其每

按 A 键 100 次可以赢得 1 分（赚分反应），每按 B 键 10 次可以减去竞争对手 1 分（攻击反应），每按 C 键 10 次能保护自己的分不被对方减掉（防御反应）。竞争对手按 B 键 10 次可以"偷"被试 1 分，即被试被减掉的 1 分会被加给竞争对手，被试只能减竞争对手的分，但是不能"偷分"。被试和对手的得分可以用来兑换奖金或礼品券。被试可以在电脑屏幕上看到分数的变化情况，即可以及时发现对手是否在减自己的分。测量自主性攻击的方法是把被试在连续三次没有受到激起的实验试次后，实验参与者选择的扣分次数的总和（Perach-Barzilay et al., 2013, Cherek, 1981）作为主动性攻击的指标。但在这类无奖励条件下的主动性攻击范式中，主动性攻击的必要成分－工具性动机并不明显。这类主动性攻击范式主要测量的是内源性的自主主动性攻击。由外部奖赏诱发的主动性攻击在未来的实验研究中也应该得到关注（Bobadilla et al., 2012）。

二、有诱因条件下的主动性攻击任务

这类任务可以用来测量无激起有奖励条件下的主动性攻击（Atkins & Stoff, 1993, Helseth et al., 2015, Hubbard et al., 2010）。这类任务没有激起，但会提供一个奖赏。参加者会将获得奖赏作为目标，将攻击作为获得奖赏的手段。例如，在弹球游戏中（pinball game）（Atkins & Stoff, 1993, Atkins et al., 1993），该任务要求被试坐在苹果 II 监控器前进行弹球游戏。旁边有一个监控面板，面板上有两个按钮，一个按钮标着"倾斜"，一个按钮标着"噪音"。实验任务要求被试和一名邻室陌生的同伴在弹球游戏中竞赛，并积分，积分高的人可以得到比萨的奖励。被试可以按下倾斜的按钮，暂时阻止对手的游戏，使得对手不能进球；或按下噪音的按钮给对手的耳机发送短暂的白噪音。被试的每个反应都被模拟计数器和显示器自动记录。此外，告知被试对手也具有选择相应的按钮干扰对手的表现或者发送噪音的权利。事实上，无论是倾斜干扰还是噪声刺激，都是由坐在后面的实验者所控制，没有真正的对手。实验包括三个阶段，第一个阶段是最开始的五个球，在这个阶段没有任何激惹，用来评价无激惹条件下的攻击。第二个阶段是接下来的 10 个球，是激惹条件,包含两个噪音激惹和五个倾斜激惹,其余三个无激惹。第三个阶段是最后五个球,用于评定激惹后的攻击。工具性攻击的指标为被试按倾斜对方桌面的按钮的次数(无论是在哪个阶段)。从主动性攻击的特征我们可以看出,在第三个条件下测得的工具性攻击可能受到了激惹的影响,有可能包含了反应性攻击的成分。第一个阶段的工具性攻击与主动性攻击的特征更符合。

反应选择攻击范式(Response choice aggression paradigm, RCAP, Reidy et al., 2007)也被用来测量工具性攻击。在这个任务中,被试要使用一个专门的设备,即一个由装有电子开关和 LED 的金属盒组成的装置。这个装置上有"1—10"10 个按钮开关。被试可以通过这 10 个按钮开关管理电击的水平。在控制台上有反应时的键盘,电击通过放在被试非优势手上的电极来施加。被试被告知要和一个邻屋的对手进行反应时比赛,并且他们有机会通过施加电击惩罚对手。同时,他们的对手也可以惩罚他们,并且这个电击可能会干扰接下来的反应时试次的表现。每个实验试次以后,都会告知被试在该试次是输还是赢,并且无论结果如何都会给被试对对方施加电击的机会。被试通过按"1—10"的电击按钮,选择电击强度。被试也可以不选择电击。LED 可以反馈对手给被试的电击等级。输赢是提前设置好的(一半输一半赢)。工具性 / 主动性攻击的条件下被试被告知他们赢得试次可以获得 1 美金,输的试次会输掉 1 美金。反应性攻击的条件下被告知他们正在做一个竞争反应时比赛,没有奖励。攻击指标通过计算电击的强度、持续时间、最高电击的百分比等指标的标准分数的和来获得。

赫雷斯(Helseth)等人用改编自竞争反应时任务的抢分任务(Helseth et al., 2015)测量工具性攻击。在该任务中研究者告诉被试,他 / 她将通过网络与另一个孩子一起玩一个游戏。赢得更高分的人可以得到比萨。被试的主要任务是当屏幕上出现一个眼睛的时候,要尽可能快地按操作杆上的红色按钮。如果被试按得比对手快就可以赢得 10 分并且获得一个机会,即被试可以从以下几个选择中选择一个来实施:①从对手那里"抢"来 0—10 分,②向对方发送一些带有侮辱性的信息,③两个都做,④两个都不做。被试也被告知对手拥有同样的权利。工具性攻击的指标为前几个试次中被试抢对方分数的次数。前几个试次都设置为被试赢,因此被试不会受到激惹。

最近一个用来测量工具性攻击的任务为绘画任务(Moore et al.,2018)。在该任务中,实验者给被试介绍一个年龄相同的同性别的虚拟同伴,两个被试和虚拟同伴一起准备图画。实验者说:"我们将有一个绘画比赛,看谁的画是最好的。你们有机会交换画,如果你想,你可以用淡入度和颜色按钮改变对方的画。计算机将比较你们最终的两幅画,并基于设计和色彩决定哪幅画是赢家。如果你的画被判定为是最好的,你就可以带走你选择的任何一个比萨。首先你的画会先给小明。如果他想的话,他可以用淡化或颜色改变你的画,并可能对你的画进行评价,随后他会把你的画给你。然后小明的画将给你。如果你想的话,你可以用淡化或颜色改变他的画,并且对他的画做出评价。你们交换完图画后,计算机会显示请等待计算机对比赛进行评定,等几秒钟,计算机会告诉你谁赢了"。在该任务中,虚拟对手赞美被试的画,并且没有"fade"被试的画。本任务包含了两个攻击指标,即行为攻击和言语攻击。行为攻击为被试按"fade"按钮的次数。言语攻击为被试看到虚拟对手给自己的画的评价后,被试做出的评价。所有评价被转录和编码。被编码为言语攻击的评价的数量的总和作为言语攻击的指标。主动性攻击的指标为行为攻击和言语攻击的总和。

三、目前主动性攻击范式的不足

想要调查实验室条件下有明确的外源性动机的主动性攻击反应,就需要用明显的工具性动机的有诱因条件下的主动性攻击任务来测量。但这些任务仍存在一些局限,而这些局限也对任务的应用和推广起到了限制的作用。首先,最重要的一点是,目前这些任务还缺乏一定的信效度。具体来说,这些任务能否引起主动性攻击行为并对该行为进行精确的测量还未被检验。之前研究者如特德和奎葛(Tedeschi & Quigley,1996)指出,在测量任务中实验参与者是否有明确的主动性攻击动机,是可以用来帮助检验主动性攻击任务的结构效度的。但是目前主动性攻击动机是什么,仍需进行不断地探究(Tedeschi & Quigley,1996)。其次,有些任务在操作上仍有一定的挑战性。如弹球游戏需要配备专门的设施,这个要求就阻碍了该任务范式的进一步推广和应用。另外,有些任务的实验方法不太适合多次重复,而次数不足会在一定程度上影响测量的准确性。测量次数不足,也就不能适用于目前发展迅速的神经影像学领域。因为该方法需要多次叠加的信号,而之前的任务中,主动性攻击的测量往往只用实验开始的几个没有激惹的试次来计算,重复次数不足(Helseth et al.,2015)。

综上所述,目前已有的主动性攻击范式并不能满足当前对主动性攻击研究的需要。因此亟待发展出可以有效且可靠地测量出主动性攻击反应的实验室任务,以为主动性攻击的研究提供工具基础,促进其研究的进一步开展。本书的第一个目标即为建立可靠有效的主动性攻击范式,并为主动性攻击的神经基础的研究提供有效的工具。

第四章

主动性攻击反应任务：
奖赏-干扰任务的开发

  本章的主要目的为开发一个新的有效的测量主动性攻击的任务。根据主动性攻击的动机理论，工具性动机和道德动机（道德抑制动机和道德许可动机）是主动性攻击的两个明确的特征。除此之外，与反应性攻击相比，主动性攻击的另外两个明确的特征为低愤怒唤醒和低激惹。首先主动性攻击任务中应该没有明显的愤怒唤醒。之前的研究指出（Hubbard et al., 2010, Wrangham, 2018），与反应性攻击相比，主动性攻击的愤怒唤醒较低，因为主动性攻击是在无激惹的条件下发生的。相反的，激惹和愤怒是反应性攻击的必备条件。换而言之，低愤怒唤起是主动性攻击的一个明显特征。因此，在主动性攻击过程中，应该没有愤怒情绪或只有很低的愤怒情绪。

  其次，无激惹的条件也是主动性攻击任务所必需的。主动性攻击发生之前，个体应该没有受到挑衅或激惹。尽管在挑衅或者激惹条件下产生的攻击行为也可能在一定程度上包含了主动性攻击行为，但是此时主要反应的仍为反应性攻击（Tedeschi & Quigley, 1996）。因此，主动性攻击任务必须是在无激惹的条件下发生的。

  根据之前提到的主动性攻击的特征，笔者及夏凌翔教授受到之前的奖赏性的主动性攻击任务和泰勒攻击范式的启发，提出了一个新的奖赏性的主动性攻击任务即奖赏-干扰任务。该任务被用来诱发和测量实验室中的主动性攻击。

在奖赏-干扰任务中,实验参与者被告知要与另一名同学一起参加一个听觉的竞争反应时实验。每一回合的获胜者可以从游戏中赢得一定的奖金。最后在游戏中赢得奖金的总数除以比赛的总回合数被作为游戏的奖励,在实验结束后和被试费一起付给被试。在游戏中,被试可以选择或不选择一定强度的噪音干扰对手的表现。选择噪音干扰对手的表现可以增加获得金钱的概率,但是对手不能用噪音干扰被试。这个操作就避免了对被试产生激惹的因素。被试选择干扰的平均等级或次数被作为测量主动性攻击的指标。在该任务中,工具性动机和道德动机的产生非常明显,且在该任务中测量的攻击行为发生在没有激惹的条件下,也没有产生愤怒情绪的任何理由。本章的目的就是通过四节内容发展并检验奖赏-干扰任务。第一节笔者初步建立了奖赏-干扰任务,并且通过访谈的方法检验在该任务中,人们做出主动性攻击选择的时候的具体动机。第二节有两个主要的内容,首先,笔者和夏凌翔教授根据访谈的结果及之前研究,发展出了主动性攻击的干扰-不干扰动机问卷。其次,我们用问卷测量的指标对奖赏-干扰任务的效度做了初步探究。第三节我们用之前的泰勒攻击范式测量的主动性攻击反应和反应性攻击反应对奖赏-干扰任务的效度做进一步检验。第四节通过实验操作的方法检验奖赏大小对奖赏-干扰范式测量的主动性攻击的影响,以进一步证明工具性动机在主动性攻击中的重要作用。

奖赏-干扰任务的初步形成

一、研究目的

本节内容的主要目的为通过访谈的方法调查在奖赏-干扰任务中，被试进行主动性攻击选择的时候，涉及的动机是否与我们之前的主动性攻击理论所指出的相一致，涉及工具性动机和道德许可动机等趋近动机，也会涉及道德抑制的回避动机。

二、研究方法

（一）被试和程序

37 名（13 名女性，平均年龄为 19.56 岁，标准差为 1.26 岁）被试参加了该实验。他们皆为健康的大学生被试。两名被试因为怀疑实验的真实性，认为对手是计算机，被排除在进一步的分析之外。所有被试先完成奖赏-干扰任务，然后参加实验后访谈。所有被试都签署了知情同意书，获得了实验报酬。

（二）实验任务：奖赏-干扰任务

为了避免奖赏-干扰范式的地板效应，我们采取以下两种方式。第一，目前奖赏-干扰范式中的伤害性不是很强。第二，我们设置了一个不公平的规则，通过这个规则，被试可以选择一定强度的噪音干扰或不干扰对手的表现，而对手不可以选择噪音干扰被试的表现。这个规则可以帮助被试找到攻击的借口（道德推脱），更易做出攻击行为。由于对陌生人和熟人的攻击水平可能是有差别的，因此一起参加实验的四个人一定需要是陌生人。为了保证这一点，我们在招募被试的时候强调了熟人不能一起来参加该实验。同时，当他们四个同学到达实验室后，我们会再次询问他们是否彼此认识。如果彼此认识，我们会和他们协商，让他们其中一个参加下次的实验。

在该任务中，被试需要完成 30 个试次，其中 7 个为填充试次，23 个为实验试次。每次四个同性别的被试一起开始做实验。为了增加实验的真实性，四个被试会在实验前在实验室外碰面，并一起听指导语。在奖赏-干扰范式中有两个角色，角色 A 和角色 B。角色 A 可以选择一定强度的噪音干扰对手的表现，也可以不选择噪音干扰对手的表现。参照之前的研究（Brugman et al., 2015, Dambacher et al., 2015, Kramer et al., 2007），噪音干扰包括了四个等级，"1"为没有噪音，"2"为 70 分贝噪音，"3"为 90 分贝噪音，"4"为 110 分贝噪音。角色 A 可以选择任意水平的噪音干扰或者不干扰角色 B。在这里，噪音干扰是可选择的而并非强迫的，实验人员并没有要求被试一定要选择干扰。但是在声音反应时的竞争中，角色 B 不能选择噪音干扰对手表现。角色 A 和 B 被配对来完成任务。被试被告知，角色 A 和 B 都是随机由电脑分配的，他有可能是角色 A 也有可能被分到角色 B。但是实际上所有被试都被分配到了角色 A，并且和计算机一起完成的任务。参加者被告知他们将要与角色 B 做一个竞争反应时任务，获胜的人可以获得相应的奖金。奖金的范围为 5—15 元，每一轮是不一样的，输的人得不到奖励。并且告诉被试实验结束后，他们可以在基本被试费的基础上，获得一些游戏的报酬。游戏的报酬由他们在奖赏-干扰任务中获得的奖励构成，将他们所赢得的钱的总数除以总回合数，作为他们游戏的奖励。因此他们赢得的次数越多，他们最后获得的报酬就越多。

我们告诉被试本研究的主要目的，是为了调查他们的听觉反应。为了让大家将注意力集中在当前的任务上，对信号音做出尽可能快的反应，我们将他们与另一个同学配对一起来完成该任务，并且他们的反应时都会被记录。实验流程如下：

每一个试次，都以注视点开始，然后让角色 A 选择是否干扰或采用多大等级的干扰去干扰角色 B 的表现。随后一个白灯呈现在屏幕上，1700ms 到 5700ms 后被试听到一个"滴"的信号音。当他们听到信号音后，被试被要求尽可能快地按键。如果被试输了，灯的颜色就会由白色变成红色；如果被试赢得了比赛，灯就会由白色变成绿色。最后，反馈屏会被呈现，会再次出现被试本回合是输还是赢，赢得了多少钱。该任务的输赢比例是提前设置好的，当被试选择不干扰（1等级）时，被试获胜的概率为30%；当被试选择2等级的噪音干扰对手的表现时，被试获胜的概率是50%；当被试选择3等级的噪音干扰对手的表现时，被试获胜的概率为70%；当被试选择4等级的噪音干扰对手的表现时，被试获胜的概率是90%。

填充试次的程序除了干扰选择屏，其他部分皆与实验试次是一致的。获胜和失败的概率都为50%。在选择屏，被试需要选择一个从1—4的绿色的数字按键。该数字是由计算机随机指定的，每次指定的数字皆不同。这个按键对另一个对手没有任何影响。但是如果被试按键按错了，即使他们获胜了，该试次也不能得到奖赏。填充试次被穿插在实验试次中，去降低个体按固定键的可能性。每个被试的主动性攻击的得分，通过计算在实验试次中选择噪音强度的平均分获得。

为了保证被试能够体验到真实的社会交互，我们做了以下操作：第一，如果被试按键的速度长于或短于两个标准差，他们就会由于在声音信号出现前按键或慢于对手而输掉本次的比赛。这就确保了和一个人类竞争对手一起比赛的真实性。第二，实验者在开始之前查看另一个实验参与者是不是也已经准备好要开始本任务了，如果都准备好了，实验者会让被试同时按下Q键来开始该任务。紧接着一个联结屏出现让被试相信玩家正在通过计算机进行联结配对。这个联结屏呈现了127000ms。第三，为了确保检验被试是否都相信真实的人类对手的存在，我们让被试对他们的对手进行评价。如果他们怀疑他们的对手是计算机，我们会将该被试从进一步的分析中剔除。在该任务中，有两个实验参与者怀疑了人类对手的存在。最后35个实验参与者被包含在进一步的分析中。

为了保证被试在实验前，熟悉实验规则，我们让被试在正式游戏前先练习两个实验试次，两个填充试次。这四个试次的顺序是随机呈现的。并且我们设计了几个问题来帮助被试理解实验规则，在练习后，被试需要回答这几个问题。如"你的游戏报酬是怎么计算的"。如果他们不能正确回答这些问题，我们会再一次给被试解释规则，并且告诉他正确答案，直到被试完全理解规则才让被试开始正式实验。

（三）访谈

为了检验奖赏-干扰任务的动机，我们对 35 名实验参与者进行了访谈。进行访谈的主试在实验之前都进行了培训。每个实验参与者被访谈的时间为 20 分钟左右。访谈的主要目的是探究被试在奖赏-干扰任务中为什么选择干扰，为什么选择不干扰，及他们在选择是否干扰对手过程中的感受。如"请尽可能清楚详细地表述当你进行干扰选择的时候，你是怎么思考的"。"请尽可能清楚详细地描述当你进行不干扰选择的时候，你是怎么思考的"。

三、数据分析

（一）描述统计

描述统计的结果通过 spss22.0 分析。

（二）访谈结果的内容分析

软件 NVIVO 10.0 的工具包被用来转录访谈的内容，帮助组织和分析访谈的数据（Bengtsson，2016，Elo & Kyngäs，2008，Graneheim & Lundman，2004）。首先，访谈录音被转化为文本文档，实验主试被要求通过多次阅读转录的文本来熟悉被试对访谈问题的回答，从而完全理解被试的意思，抽取关键信息。第二步，三个主试对文本进行编码，建构出分析的独立的单元。这些编码的意思被进一步精炼、浓缩，将相近和相同意图的编码进行合并。并对这些精炼后的单元进行标记，对编码再做进一步的提炼和概括。第三步，用于解释编码和节点的范畴和类别被创建。如，一些代表选择噪音干扰选择的动机的编码（如，想要赢得更多的报酬）构成了"工具性动机"的范畴。主试对这些编码和节点进一步修改和精炼，并将重合的编码进行合并，形成最后内容分析的结果。

（三）编码的一致性分析

三个实验者检查了编码的内容、逐步精炼每个编码单元和节点。每个不一致的结果都被讨论、重新编码和分类。最后根据两个实验者和一个实验助理的编码结果，形成了编码表。每个范畴的每个编码下的被试数量都被计算。

四、数据结果

（一）描述统计结果

在奖赏−干扰任务中，94.1% 的被试至少有一次做了干扰选择。这个结果和之前的研究结果是类似的（FeldmanHall et al.，2015）。在之前的研究中，发现所有被试都使用过电击来为自己获得金钱。在奖赏−干扰范式中，所有被试平均的干扰率为 64.4%。每个被试的干扰率通过用干扰的次数除以总的实验试次获得。选择 2、3、4 水平噪音的干扰比率分别为 24.7%、23.7% 和 15.9%。在该任务中，主动性攻击得分的偏度为 0.49，偏度的标准差为 0.40。主动性攻击得分的峰度系数为 −0.80，峰度系数的标准差为 0.79。

（二）内容分析的结果

我们转录了 72487 个字符，访谈者的内容分析的结果被呈现在表 4.1.1 和表 4.1.2 中。表 4.1.1 中呈现了被试选择干扰的主要原因及每个原因对应的被试数量；表 4.1.2 中呈现了被试选择不干扰的主要原因及每个原因对应的被试数量。结果显示，88.6% 的被试报告选择干扰的原因主要集中在工具性动机上；61.8% 的被试报告选择干扰的原因主要集中在道德推脱上；76.5% 的被试报告不攻击的原因主要集中在道德抑制动机（如内疚、同情）上；17.6% 的被试报告不干扰的原因主要因为缺乏工具性动机。

表 4.1.1　奖赏−干扰任务中选择干扰的原因

编码单元（人数）	编码（人数）	范畴（人数）
想要赢得比赛（18 人），奖金多（16 人），想要赢得奖金（25 人）	工具性动机（31 人）	趋近动机（31 人）
前面输了（6 人）；干扰不会对对方造成什么伤害（7 人）；既然我有干扰的权利，我就要用它（12）为了满足实验要求（3 人）；自己反应速度慢（2 人）	道德推脱（21 人）	趋近动机（21 人）

表 4.1.2　奖赏-干扰任务中选择不干扰的原因

编码单元（人数）	编码（人数）	范畴（人数）
奖赏太少,就没有必要选择干扰（6人）	工具性动机不足（6人）	回避动机（6人）
选择干扰我觉得内疚（12人）,想让对方有机会赢（17人）	道德抑制动机（26人）	回避动机（21人）

（三）奖赏-干扰任务中噪音不舒适程度的检验

在内容分析的时候被试提到,之所以选择攻击其中一个原因是因为实验的要求,笔者将该原因归结为被试进行了道德推脱。为了检验被试是否能够感受到噪音的不舒适性,我们做了下面的操作。

我们招募了 39 名被试,其中 19 名女性,被试的平均年龄为 20.87 岁,标准差为 2.23 岁。被试需要听 70 分贝,90 分贝和 110 分贝的噪音,随机播放三次,听完后被试需要在 7 级量表上评价噪音的不舒适程度。"1"为完全没有不舒适,"2"为非常轻微的不舒适,"3"为相对轻微的不舒适,"4"为轻微不舒适,"5"为中等不舒适,"6"为较强的不舒适,"7"为非常强的不舒适。笔者计算了被试对每个噪音感受到的平均的不舒适程度。结果发现"2"等级的噪音（70 分贝）给被试带来了非常轻微的不舒适,平均数为 1.93,标准差为 1.19；"3"等级（90 分贝）的噪音给被试带来了轻微的不舒适,平均值为 4.44,标准差为 1.67；"4"等级（110 分贝）的噪音给被试带来了较强的不舒适,平均值为 6.48,标准差为 1.00。

五、讨论

攻击行为背后的动机在主动性攻击和反应性攻击的区别中起着重要作用（Dambacher et al.,2015,Tedeschi & Quigley,1996）,但是攻击背后的动机却常常被研究者忽视（Tedeschi & Quigley,1996）。在该研究中,我们通过访谈调查了被试在奖赏-干扰任务中做出干扰/不干扰选择时的具体动机。和我们预期的一样,该结果显示,干扰选择即攻击选择的动机主要为道德动机（道德许可动机）和工具性动机；而不干扰选择的动机主要为道德抑制动机。尽管访谈内容分析的结果显示，被试不承认他们在奖赏−干扰范式中有伤害的意图，他们认为他们只是按照规则去干扰对手，但是在奖赏−干扰范式中的干扰行为的确是攻击行为，并且展示出了主动性攻击的特点。首先，因为主动性攻击的个体倾向于否认自己的伤害意图。尽管伤害意图也是主动性攻击的主要成分，但是主动性攻击最终目标或核心目标是获得个人的利益（Anderson & Bushman, 2002），并且在主动性攻击中的不道德特征也是明显的。因此当个体决定做出主动性攻击行为的时候，他们很喜欢通过道德推脱去否认或弱化他们伤害他人的意图，因为这会帮助他们降低道德的限制或制约。换而言之，被试用道德推脱的策略去重新组织他们攻击的目标，而不是直接用伤害意图。比如被试描述说"干扰不会伤害对手""干扰符合实验的要求"，我们认为该表述应该被认为是道德许可的动机，主要为道德推脱的动机，因为这个表达是和道德推脱典型表达是相似的。如"干扰不会伤害对手"与道德推脱问卷中"戏弄他人并不会真实的伤害他人"的这个题目的表述是相似的（Bandura, 2002）。"干扰是为了满足实验要求"的描述是与道德推脱当中的"员工不用为执行了老板的非法决策负责任"的题目是相一致的（Caprara et al., 2009）。总之，这些表述反映了主动性攻击的道德许可动机，主要涉及了道德推脱的策略，这个与反应性攻击是有一定的区别的。第二，在奖赏−干扰范式中的噪音干扰选择是一种主动的选择，并且这种选择会引起对手的不舒服。在该任务中的噪音干扰是一种自愿的选择，并不是强迫的行为，实验并不要求被试一定要做干扰的选择。另外，干扰会引起对手金钱的损失，从利益的角度来说，这明显是会伤害到对手的。第三，在之前的研究中（Brugman et al., 2015, Helseth et al., 2015, Hubbard et al., 2010, Moore et al., 2018, Reidy et al., 2007），噪音干扰也被认为是攻击行为。因此，道德许可动机该任务中推动个体进行攻击选择的重要动机之一。

第二节

奖赏-干扰任务的动机问卷编制及效度的初步检验

第一节内容通过访谈的方法检验了奖赏-干扰范式中做主动性攻击选择的动机,仍为质性研究,如果想要具体研究主动性攻击与各个动机的关系,仍需要进行量化研究,这就需要有相应的测量主动性攻击动机的问卷。本节研究有两个目标,其中一个目标为发展出奖赏-干扰任务相关的动机问卷即干扰/不干扰动机问卷,并对该问卷进行结构效度检验。第二个目的则为进一步研究奖赏-干扰范式的信效度。

根据之前提到的标准,道德许可的指标为用道德推脱、精神质、低内疚进行测量。在本节研究中道德推脱用暴力态度进行测量。在奖赏-干扰任务中愤怒情绪的变化、用问卷测量的主动性攻击,这些指标都被作为奖赏-干扰任务的主动性攻击的聚合效度。另外因为在奖赏-干扰任务中的干扰行为也属于身体攻击,因此由Buss-Perry攻击问卷测得的身体攻击也被用作主动性攻击的一个聚合效度指标。由问卷测量的反应性攻击被用作区分效度的指标。

一、研究方法

(一)被试

来自我国西南大学的 147 名学生参加了该实验。其中两个被试认为他们的对手是计算机,因此这两个被试在进一步的分析中被排除。三个被试因为没有完全理解奖赏-干扰范式的规则(其中两个被试在干扰选择阶段都没有进行按键反应,另一个被试认为他的对手也会干扰他),在进一步的分析中被排除。最后 142名被试被包含在进一步的分析中,其中 62 名男性被试。被试的平均年龄为 19.69

岁,标准差为 1.68 岁。所有被试都签署了知情同意书,并获得了一定的报酬。

（二）程序

被试先完成状态愤怒问卷（State Anger Scale, SAS, Forgays et al., 1997）,随后参加奖赏-干扰任务,完成该任务后,被试再次填写状态愤怒的问卷及任务相关的动机问卷（即干扰 / 不干扰动机问卷, Interference/Non-interference Motivation Questionnaire, INIMQ）和其他攻击相关的自我报告问卷。

（三）测量工具

1. 奖赏-干扰范式

该范式和第一节的范式基本一致。为了保证实验的真实性,皆为四个同性被试同时进行实验,并在实验前相互见面,一同听指导语。实验人员告诉被试本研究的主要任务为听觉反应时任务,为了保证大家可以完全投入实验,该实验给每个人都随机分配了玩伴,具体的玩伴由计算机随机分配。在游戏中有两个角色:A 和 B,但二者的规则不一样。在每一游戏的回合中,获胜方皆可获得 5—15 元不等金额的奖励。角色 A 可以自由选择是否通过一定程度的噪音干扰角色 B 的表现。而角色 B 则不能选择噪音对角色 A 进行干扰。在本研究中,干扰等级仍为 4 级,"1" 为不干扰,"2" 为 70 分贝的噪音干扰,"3" 为 90 分贝的噪音干扰；"4" 为 110 分贝的噪音干扰。被试在正式实验中,做了 30 个回合的比赛,其中 22 个为实验试次,8 个为填充试次。填充试次的主要目的是防止被试按照惯性按键。

实验试次流程与第一节保持一致。第一屏为注视点,提醒被试本试次的比赛将要开始,第二屏为干扰选择屏,本屏上方会出现该试次获胜后能够获得的奖励,下方为 1—4 等级的干扰选择,被试选择对应的数字键后,该数字会变绿。第三步为竞争反应时比赛阶段。该阶段会出现一个白灯,提醒被试信号音即将出现,紧接着 "滴" 的信号音会出现在被试的耳机中。被试需要尽可能快的按相应的键。第四,反馈阶段。如果本回合被试获胜,白灯会变绿；如果被试失败,白灯会变红；最后被试屏幕上会出现 "你赢了！" 或者 "你输了！" 的字样及赢得了多少钱。至此一个回合结束,又会开始新的回合。选择对应的干扰键后,获胜的概率是提前设置好的,选择不干扰获胜的概率为 30%;选择 70 分贝的噪音进行干扰,获胜的概率为 50%;选择 90 分贝的噪音进行干扰,获胜的概率为 70%;选择 110 分贝的噪音进行干扰,获胜的概率为 90%;

填充试次的流程和第一节完全一致。只有在第二步选择阶段不一样。该阶段被试需要按要求按有绿色颜色数字的按键。无论四个数字哪个有颜色,就按哪个键,会告诉被试此时的按键不会对对手有任何影响。在填充试次中被试的获胜概率皆为 50%。

2. 干扰 / 不干扰动机问卷

该问卷是基于第一节研究的访谈结果和之前的研究形成(Anderson & Murphy, 2003)。访谈的结果显示干扰 / 不干扰的原因主要是工具性动机、道德许可动机和道德抑制动机。据此,我们形成了干扰 / 不干扰动机问卷。具体步骤如下:首先,三个研究生根据访谈的结果和之前的研究创建了该问卷最初的题目。随后,他们讨论每个题目的质量和属于的维度。题意不清、表述模糊的题目被修改或删除,表达意思相似或接近的被合并。接下来,一个心理学专家被邀请来评价每个题目,判断每个题目是不是能够测量对应的维度。最后,通过不断的修改、讨论、评价,干扰 / 不干扰动机问卷最终形成。该问卷包含了 18 个题目,三个子维度,分别为工具性动机(如干扰是因为我想赢得奖励)、道德许可动机(如从长期来看,角色 B 同学一定会得到补偿的)和道德抑制动机(如,我感到不舒服,如果我用角色 A 的特权去干扰角色 B 同学的话)。道德许可动机包含了四个题目,道德抑制动机包含了五个题目,工具性动机包含了五个题目。被试需要在六点量表中作反应。"1" 代表完全不符合,"6" 代表完全符合。

3. 暴力态度问卷(Attitudes toward violence scale)

个体攻击的道德推脱水平通过暴力态度问卷来测试。该问卷是属于犯罪态度和联合(Criminal Attitudes & Associates, MCAA)的子问卷,主要涉及到对暴力的合理化和辩护(Mills et al., 2002)。该问卷包括了 12 个题目(如打那些侮辱你的人是可以理解的;那些让你真的很生气的人如果被打了是没什么可抱怨的),每个题目皆为迫选题,要求被试回答是否认同题目中的描述,是就选"1",否则为"0"。最后计算被试在该问卷中的总得分代表被试的道德推脱的水平。该问卷已被应用在中国大学生群体中,且被证明有良好的信效度（Li et al.,2022）。在当前的研究中,该量表有良好的内部一致性系数（$\alpha = 0.75$）。

4. 精神质问卷（Psychopathy scales）

莱文森自我报告的精神质问卷（Levinson Self-Report Psychopathy Scale,LSRP, Levenson et al.,1995）被用来评价个体的精神质水平。该量表包含了三个维度,分别为自我中心（如"在今天这个世界,我觉得为了取得成功,做任何事都是正当的"）、冷酷（如"如果我的言行导致某人感到痛苦,我心里会不好受"）和反社会（如"我很快就对开始做的事失去兴趣"）。该问卷要求被试在四点量表上进行评定。"1"代表非常不符合,"4"代表非常符合。问卷的总分被计算以代表个体精神质的水平。分数越高代表精神质的水平就越高。该量表已经被翻译成中文,并在中国被试样本中显示出了较好的信效度（Shou et al.,2017）。在本研究中,该问量表的内部一致性信度为0.75。

5. 内疚害羞倾向量表（Guilt and Shame Proneness scale）

内疚害羞倾向量表是基于场景的测试,被用来评价个体在内疚和害羞倾向上的个体差异（Cohen et al.,2011）。如"在商店买单时,你发现收银员多找了零钱给你。由于他没有发现,你决定拿走这笔钱。没有将多余的钱退还,对此你可能会感到不安吗？"。被试需要在七点量表上评价对场景描述的认可度。"1"表示绝不可能,"7"表示完全可能。因为当前的奖赏-干扰任务仅仅涉及了内疚,因此内疚倾向子问卷被用作该任务的效度检验问卷。个体的内疚倾向通过两个内疚倾向的子问卷即内疚负向行为评价（guilt-Negative-Behavior-Evaluation, NBE）子问卷,这个问卷主要描述的是个体做了不道德的行为后,感觉有多不好（如"在一个同事乔迁新居的聚会上,你将红酒撒在了他家崭新的奶油色的地毯上。然后,你用椅子盖住了污渍,没有人发现。你可能会觉得自己这种行为很差劲吗？"）和内疚补偿（guilt repair）子问卷,主要描述个体做了侵犯行为或不道德的行为后,想要补偿或纠正该行为的倾向（如"你泄露了一个朋友的秘密,但他没有发现。由于没能帮朋友保守秘密,日后你可能会更加努力地去保守其他秘密吗？"）。该问卷已经被用到了中国被试样本中,且信效度良好。在本研究中内疚负向行为评价子量表和内疚补偿子量表内部一致性信度良好,分别为 0.81 和 0.76。

6. 状态愤怒量表（State Anger Scale, SAS）

状态愤怒问卷是来自于状态–特质愤怒表达问卷中的子问卷（Forgays et al., 1997）。该问卷包含了 10 个题目,被用来测量被试体验到的愤怒强度,如"我很生气"。被试需要在 4 级量表上作反应。"1"代表完全没有,"4"代表非常强烈。在实验前后皆需要填写该量表。在实验前该量表的内部一致性系数为 0.95,实验后为 0.92。之前的一个综述（Mauss & Robinson, 2010）提到,自我报告的测量方法是可以有效地测量被试当前的感受,因此本研究用状态愤怒问卷来评价状态愤怒在奖赏–干扰任务前后发生的变化。

7. 主动性攻击和反应性攻击问卷（Reactive–proactive aggression questionnaire, RPQ）

该问卷被用来测量个体的特质主动性攻击和反应性攻击。该问卷包含了 23 个题目,两个子量表,即主动性攻击量表和反应性攻击量表（Raine et al., 2006）。原量表是一个三级量表。被试需要在量表上评价自己发生主动性攻击行为和反应性攻击行为的频率。在当前的研究中,为了防止被试在主动性攻击题目中出现地板效应,被试被要求在一个 5 级量表上进行反应。该量表已经被应用在中国大学生样本中,且得到了较好的结构效度和信度（张万里等,2014）。在本研究中,主动性攻击和反应性攻击子问卷也得到了较好的内部一致性系数,分别为 0.88 和 0.83。

另外,我们分析了主动性攻击的每一个题目,并且发现主动性攻击子问卷中有些题目描述的主动性攻击是具有工具性动机的,如"为了游戏获胜而伤害他人""为了获得金钱而强迫他人""'吼'他人为自己做事情"。因此工具性动机的主动性攻击的得分用这四个题目的平均分来计算。

8.Buss-Perry 攻击问卷（Buss-Perry Aggression Questionnaire）

该问卷包含了身体攻击、言语攻击、敌意和愤怒四个维度，共29个题目（Buss & Perry, 1992）。该量表已经被用在中国样本中，且已被证明有良好的信效度（Quan et al., 2019）。但是奖赏-干扰任务中的攻击行为主要为身体攻击。因此本研究选用身体攻击作为该任务的校标指标。身体攻击子问卷包含了9个题目（如"我总能找到可以去打人的理由""有时我没能控制住冲动就打了人"），被试被要求在五级量表上对这些描述与自己的符合程度进行评定。该子量表的均分被计算，代表个体身体攻击的水平。分数越高代表个体身体攻击的水平越高。在该研究中的身体攻击子问卷的内部一致性信度良好（$\alpha = 0.84$）。

（四）统计分析

我们用 SPSS22.0 进行了描述统计。为了检验干扰/不干扰动机问卷假设的因素模型，我们用 Mplus7 的最大似然比（Robust Maximum Likelihood Estimation, MLR）的方法做了验证性因素分析。接下来，为了进一步检验干扰/不干扰动机问卷的效度，我们做了该动机问卷与主动性攻击、内疚倾向、暴力态度的皮尔逊相关分析。最后为了探究奖赏-伤害任务中的主动性攻击的信效度，该任务的内部一致性系数，及该任务测得的主动性攻击行为与自我报告的测量的相关被计算。配对样本 t 检验的方法被用于检验奖赏-干扰任务前后愤怒情绪的变化。

二、数据结果和讨论

（一）描述统计的结果

表 4.2.1　干扰选择相关题目的描述统计

题目	平均数（M）	标准差（SD）	峰度	偏度
1	3.66	1.49	−1.01	−0.24
2	3.04	1.54	−1.03	0.30
3	4.30	1.47	0.26	1.00

续表

题目	平均数（M）	标准差（SD）	峰度	偏度
4	4.04	1.53	−0.66	−0.57
5	3.27	1.60	−1.17	0.08
6	3.29	1.61	−1.19	0.07
7	3.97	1.44	−.51	−0.59
8	4.43	1.23	1.01	−1.16
9	4.08	1.54	−0.56	−0.65

表 4.2.2　不干扰选择原因的相关题目的描述统计

题目	平均数（M）	标准差（SD）	偏度	峰度
1	4.39	1.42	−1.08	0.50
2	4.01	1.40	−0.46	−0.50
3	4.46	1.44	−0.85	0.02
4	3.86	1.46	−0.52	−0.58
5	4.04	1.36	−0.65	−0.53
6	4.03	1.36	−0.36	−0.61

　　表 4.2.1 和 4.2.2 展示了干扰和不干扰动机问卷的每个题目的平均数、标准差、峰度和偏度情况。结果显示个体对动机问卷的一些题目的反应是非正态分布的。在奖赏-干扰任务中，干扰选择的平均水平为 2.29，标准差为 0.88。

　　在奖赏-干扰任务中，80.9% 的被试至少有一次做了干扰选择。所有被试的平均干扰率为 66.2%。每个被试的平均干扰率通过用干扰的选择次数除以实验中的实验试次的总次数获得。选择 2 水平的干扰率为 24.3%，选择 3 水平的干扰率为

20.9%，选择 4 水平的干扰率为 20.0%。主动性攻击的偏度系数为 0.22，偏度的标准差为 0.20，峰度系数为−0.65，峰度的标准差为 0.40。奖赏−干扰范式的内部一致性系数为 0.96，男性被试的主动性攻击的平均数为 2.53，标准差为 0.97；女性被试的主动性攻击的平均数为 2.11，标准差为 0.77，且男性的主动性攻击得分显著高于女性的主动性攻击得分。

（二）干扰和不干扰动机问卷的信效度

干扰和不干扰动机问卷中的工具性动机、道德许可动机、道德抑制动机的科隆巴赫系数分别为 0.90，0.65 和 0.85。验证性因素分析的结果表明，干扰和不干扰动机问卷的测量模型拟合良好 $x^2/df = 1.47$，标准化根均方残差（Standardized Root Mean Square Residual，SRMSR）$= 0.07$，近似误差均方根（root−mean−square error of approximation，RMSEA）$= 0.06$，比较拟合指标（comparative fit index，CFI）$= 0.95$，Tucker−Lewis 指数（Tucker−Lewis index，TLI）$= 0.93$（见图 4.2.1）。这个结果表示干扰和不干扰动机问卷的结构效度是可以接受的（Hu & Bentler，1999）。皮尔逊相关分析展示出在干扰和不干扰动机问卷中的道德许可动机与奖赏−干扰测量的主动性攻击、身体攻击、精神质和暴力态度是正相关的。该问卷中的道德抑制得分与内疚倾向得分是正相关的，与奖赏−干扰测量的主动性攻击、精神质和暴力态度是负相关的。干扰和不干扰动机问卷中的工具性动机得分与奖赏−干扰测量的主动性攻击、道德许可动机得分、反应性−主动性攻击测得的主动性攻击、精神质和暴力态度皆为正相关，与道德抑制得分为负相关（见表 4.2.3）。这些结果进一步支持了干扰和不干扰动机问卷的结构效度。

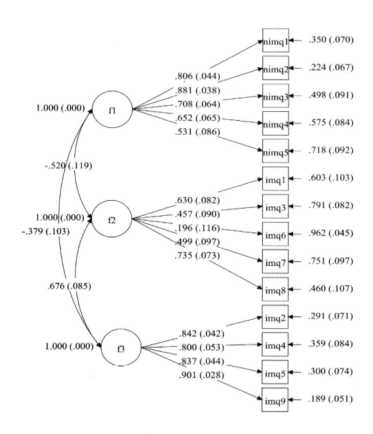

图 4.2.1　干扰和不干扰动机问卷的测量模型

注:f1 为道德抑制动机、f2 为道德许可动机、f3 为工具性动机。

表 4.2.3　干扰和不干扰动机问卷的各个维度、奖赏－干扰任务中的攻击得分与其他变量的相关

测量工具	工具性动机	道德抑制动机	道德许可动机	奖赏－干扰任务
实验 2				
身体攻击	0.09	−0.07	0.18*	0.17*
主动性攻（PA）	0.17*	−0.16	0.17*	0.19*
反应性攻击（RA）	0.31**	−0.17	0.15	0.16

续表

测量工具	工具性动机	道德抑制动机	道德许可动机	奖赏−干扰任务
精神病态	0.26**	−0.38**	0.26**	0.31**
暴力态度	0.27**	−0.17*	0.24**	0.24**
内疚负性行为评价	−0.08	0.29*	−0.16	−0.25**
内疚重评	0.01	0.27**	−0.07	0.19*
工具性动机	—	—	—	0.41**
道德推脱	0.54**	—	—	0.34**
道德抑制	−0.28**	—	−0.37**	−0.45**
实验3				
泰勒攻击范式中的主动性攻击	0.22	−0.31*	0.28*	0.33**
泰勒攻击范式中的反应性攻击	0.15	0.15	0.26*	0.25*
道德许可动机	0.51**	—	—	0.44**
工具性动机	—	—	0.51**	0.65**
道德抑制	−0.40**	—	−0.40**	−0.39**

注：$*p < 0.05, **p < 0.01$

（三）奖赏−干扰任务的信效度

奖赏−干扰任务测得的主动性攻击得分与身体攻击、主动性−反应性攻击问卷测得的主动性攻击得分和工具性攻击的得分为正相关（$r = 0.21, p < 0.05$）。与精神质和暴力态度亦为正相关；而与内疚倾向为负相关。奖赏−干扰任务测得的主动性攻击得分没有唤醒个体的愤怒（$t = 0.28, p = 0.78$）。奖赏−干扰任务测得的主动性攻击得分与主动性−反应性攻击测得的反应性攻击得分没有显著相关

· 063 ·

（$r = 0.16$，$p > 0.05$），这个结果也支持了奖赏–干扰任务的区分效度。

　　本节研究基于访谈发展了干扰和不干扰动机问卷，并且检验了该问卷的结构效度。结果显示该问卷的结构效度是可以接受的。另外，该研究初步探究了奖赏–干扰任务的内部一致性系数、聚合和区分效度。结果表明该任务具有良好的信度和效度。在第三节中我们进一步用干扰和不干扰动机问卷和实验室程序检验奖赏–干扰任务的信效度。

第三节

奖赏–干扰任务的效度检验

本节用所有试次的内部一致性系数，再一次检验奖赏–干扰范式的信度，用干扰和不干扰动机问卷中的工具性动机、道德许可动机和道德抑制动机检验奖赏–干扰范式的效度。另外用实验室中的非奖励的主动性攻击和反应性攻击检验奖赏–干扰范式的聚合和区分效度。这些效度校标来源于之前提到的评价主动性攻击任务的标准。我们首先通过第二节建构的（干扰／不干扰）动机问卷测量奖赏–干扰任务的效度，尤其是用工具性动机、道德许可动机和道德抑制动机子量表来检验。其次，本研究进一步检查了奖赏–干扰范式测得的主动性攻击得分与由泰勒攻击范式测得的非诱因下的主动性攻击和反应性攻击的相关，以检验该任务的聚合和区分效度。

一、研究方法

（一）被试

83 名健康的中国大学生被试参加了该研究，其中有 36 名为男性，平均年龄为 21.63 岁，标准差为 1.28。所有被试都先完成奖赏–干扰任务和实验后的干扰／不干扰动机问卷，然后完成泰勒攻击范式。所有被试都填写了知情同意书并获得了一定的报酬。四个被试认为他们的对手是计算机，被移除了实验。最后 79 个被试被包含在了进一步分析中。

（二）测试工具

1. 奖赏–干扰任务

被试做了奖赏–干扰任务。流程与第二节的研究程序完全一致。同样为四个同性别的陌生被试同时见面,并一同听指导语。实验者告知被试该任务是为了探究人们的听觉反应时。为了让大家保持持久注意力,给大家配对了另一个玩家一起来做该任务。在该任务中,两两配对进行竞争反应时比赛。赢的同学可以获得5—15元的奖金。实验中有两个角色:角色A和角色B。角色A有权利选择噪音干扰角色B的表现,而角色B不能选择噪音干扰A的表现。具体每一个回合的实验流程见第二节该任务的介绍。

2. 奖赏—干扰任务中的主动性攻击动机

在第二节研究中发展的干扰/不干扰动机问卷被用来测量主动性攻击的动机。该问卷包含了三个维度,即工具性动机、道德许可动机和道德抑制动机。这三个维度分别包含了5、4、5个题目,共14个题目。所有被试在做完奖赏—干扰任务后完成该问卷,询问被试在该任务中做干扰选择和不干扰选择的原因,并在不同原因描述下面选择自己的同意程度。该问卷为5级量表,"1"表示完全不同意,"5"表示完全同意。

3. 泰勒攻击范式

用泰勒攻击范式的调整板测量无诱因的主动性攻击和反应性攻击行为(Taylor,1967)。同样的四个同性别的陌生被试被指导着完成了竞争反应时游戏。实验者告知被试在该任务中,仍然是竞争反应时的比赛,听到"滴"的信号音就尽快按键。按键慢的会输掉比赛,并会受到对手的惩罚。在该任务中,赢的个体可以对输的个体实施惩罚。具体实施的惩罚强度是个体在每一个回合开始前被试先在0(0分贝)—8(100分贝)的量尺上进行设定,决定自己获胜后要对失败的一方施加多大强度和持续多久的噪音干扰。随后被试进行竞争反应时比赛。第三步为反馈阶段,被试会被告知本回合是输了还是赢了,对手给他选择的噪音强度和噪音持续时间。在每一个输的回合最后,被试都要听相应的惩罚噪音。如果对手获胜,被试会看到屏幕上出现,正在给对手实施噪音惩罚的字样。输赢和对手的惩罚选择皆是提前设置好的。输赢比例皆为百分之五十。为了保证实验的真实感,被试的反应时短于或长于自己反应时的两个标准差,都会被判定为输。

被试共需要完成 30 个回合的比赛。前七个回合没有设置任何的激惹，即在前七个试次中，被试无论输赢，和被试配对的对手给出的选项皆为 0 惩罚。根据主动性攻击的特征和之前的研究（Brugman et al.,2015, Dambacher et al.,2015），主动性攻击发生在无激惹的条件下，我们计算了无诱因条件下的主动性攻击得分，即通过计算前七个回合中被试选择的噪音的等级和持续时间的总分为无诱因下的主动性攻击的得分。反应性攻击的得分通过计算后 23 个回合的选择的噪音的等级和持续时间的总分来表示。

（三）数据分析

笔者用 SPSS 22.0 对奖赏-干扰任务进行了描述统计。之前的研究发现泰勒攻击任务测得的主动性攻击和反应性攻击是相关的（Dambacher et al.,2015）。为了排除混淆变量，偏相关分析被用来测量用奖赏-干扰范式测得的有诱因的主动性攻击与由泰勒攻击范式测量的无诱因无激惹的主动性攻击和有激惹试次中测得的反应性攻击的相关性。并且进一步检验用奖赏-干扰范式测得的有诱因的主动性攻击与工具性动机、道德许可动机和道德抑制动机的关系。

二、结果和讨论

描述统计的结果显示用奖赏-干扰范式测得的有诱因的主动性攻击的平均数为 2.46，标准差为 0.85。性别对主动性攻击的影响不显著。男性被试在该任务测得的主动性攻击上平均分为 2.57，标准差为 0.85；女性被试在该任务测得的主动性攻击上平均分为 2.38，标准差为 0.85。由奖赏-干扰任务测得的主动性攻击与工具性动机和道德许可动机为正相关，与道德抑制动机为负相关。偏相关的结果显示，当控制反应性攻击的时候，奖赏-干扰任务测得的有诱因的主动性攻击与泰勒攻击范式测得的无诱因的主动性攻击显著正相关（$r = 0.24, p = 0.03$），当控制无诱因的主动性攻击的时候，奖赏-干扰任务测得的有诱因的主动性攻击与反应性攻击相关不显著（$r = 0.12, p = 0.30$）。这些结果进一步表明了奖赏-干扰任务的良好效度。

奖赏大小对奖赏-干扰任务中主动性攻击的影响

正如前几节研究内容所示,工具性动机是评价攻击行为是否是主动性攻击的主要标准。第三节的研究发现在奖赏-干扰任务测得的主动性攻击行为与干扰/不干扰动机问卷中的工具性动机相关最大,揭示了工具性动机在奖赏-干扰任务的主动性攻击中发挥着关键作用。但是相关研究不足以直接支持工具性动机对奖赏-干扰任务测得攻击行为的影响。因此在本节中,诱因的强度被奖赏的大小所操纵,我们假设奖赏的大小会影响奖赏-干扰任务测得攻击行为的多少。

一、研究方法

(一)被试和程序

本研究为被试内设计。一共43名健康的大学生被试参加了该研究。男性被试23名,平均年龄为19.88岁,标准差为1.09岁。所有被试完成了奖赏-干扰任务。三个被试因为怀疑对手是计算机,未被纳入进一步的分析中。40名被试最终被纳入进一步的分析中。所有被试提供了知情同意书,并且得到了相应的实验报酬。被试的报酬由基础费用和由奖赏-干扰任务中获得的游戏奖励两部分组成。

(二)测试工具

1. 奖赏-干扰任务

本研究的操作与第一节中奖赏-干扰范式,除了奖赏大小有差别,其他操作完全一致。四个同性别陌生人一起参与该实验。实验者告知被试他们将要进行一个听觉反应时游戏,游戏中有两个角色。角色 A 可以选择是否用噪音干扰角色 B 的表现,而角色 B 不可以选择噪音进行干扰。在该任务中,被试每一轮获胜后皆可以获得对应的奖励,本研究的奖励被分为了 5 个水平,分别为 5 元、10 元、15 元、20 元、25 元。输的人获得 0 元。在该研究中,5 元和 10 元被划分为低奖励条件,20 元和 25 元被划分为高奖励。其他操作和第一节的研究一样。主动性攻击得分通过计算所有试次的干扰总分获得。

（三）数据分析

首先,配对样本 t 检验被用探究是否在高低奖励条件下由奖赏-干扰任务测得的主动性攻击是有显著差别的。同时,单因素方差分析和事后 Bonferroni 检验也被计算用于评价不同奖赏等级对主动性攻击的影响。

二、结果和讨论

配对样本 t 检验的结果显示,由奖赏-干扰任务测得的主动性攻击在高奖励条件下（$M = 2.19, SD = 0.67$）要比在低水平的奖励条件（$M = 1.94, SD = 0.85$）下更多,$t = 3.42, p < 0.001$。单因素方差分析结果显示奖赏水平的效应是显著的（$F = 9.39, p < 0.001$）。配对样本 t 检验被用来检验在每一个奖赏水平下主动性攻击的差异,用 Bonferroni 检验的方法对结果进行多重比较矫正。结果显示在 5 元水平下的主动性攻击水平显著低于 15 元下的主动性攻击水平（$p = 0.046$）,显著低于 20 元（$p = 0.039$）和 25 元（$p = 0.004$）下的主动性攻击水平。在 25 元水平下的主动性攻击水平显著高于 5 元（$p = 0.004$）下的主动性攻击水平,10 元（$p = 0.015$）,15 元（$p = 0.006$）和 20 元（$p = 0.0015$）下的主动性攻击水平。其他配对比较均没有统计显著性。每个奖赏水平下的主动性攻击的平均数和标准差被呈现在表 4.4.1 中。该结果表明了奖赏是在奖赏-干扰任务中攻击行为的主要的诱因,随着奖励的增加,被试倾向于做更多的攻击行为。这和之前的主动性攻击的理论观点也是一致的（Anderson & Bushman, 2002, Anderson & Murphy, 2003, Tedeschi & Quigley, 1996）,并且也进一步支持了奖赏-干扰任务的聚合效度。

表 4.4.1　各个奖赏水平下的主动性攻击得分的平均数和标准差

奖赏水平	标准差（SD）	平均数（M）
5 元	0.10	1.87
10 元	0.12	2.01
15 元	0.12	2.06
20 元	0.13	2.14
25 元	0.14	2.24

三、本章总讨论

笔者通过四个研究开发了一个新的测量主动性攻击的任务即奖赏−干扰任务，并且通过质性研究和量化研究相结合的方法检验了该任务的信度和效度。结果表明了奖赏−干扰任务有良好的信度和效度。奖赏−干扰任务是一个有诱因的主动性攻击任务，发生在缺乏激惹的条件下，有明显的诱因诱发主动性攻击。相对于之前的诱因条件下的主动性攻击，如弹球游戏和绘画评价任务，该任务有不同的优势。比如，弹球游戏需要有专门的设备，这就会限制该任务的普及，而奖赏−干扰任务只需要有一台电脑就可以实施。另外，在其他任务中的主动性攻击得分往往通过前面有限的、没有激惹的几个试次来计算（Helseth et al.，2015）。奖赏−干扰范式用角色 A 和角色 B 的设计方式可以让被试重复进行多次选择，这就使通过事件相关的设计来研究主动性攻击的神经基础成为可能。

与无奖赏无诱因的主动性攻击任务相比，奖赏−干扰任务有明显的工具性动机。无奖赏和无诱因的主动性攻击的动机没有被检验，仍然是模糊的，之前研究者认为，无奖赏和无诱因的主动性攻击的动机更多的可能是内部动机的驱使（Tedeschi & Quigley，1996）。有外部动机的主动性攻击任务也是需要的（Bobadilla et al.，2012）。无奖赏无诱因的主动性攻击更多的是反应的个体的内源性的主动性攻击，而不是在特定情景下的外源性的主动性攻击反应。同时，无奖赏无诱因的主动性攻击任务中的攻击行为没办法被操作，而奖赏-干扰任务中的攻击任务可以被特定的外部动机（如获得外部的奖励）所操作，就像第四节的研究一样，能够通过操纵提高或降低奖赏的水平来增加或减少主动性攻击。总之，相对于无奖赏无诱因的主动性攻击任务，奖赏-干扰任务更适合测量和操作外源性的主动性攻击行为。

为了检验在奖赏-干扰任务中的攻击行为的动机，笔者及夏凌翔教授通过之前研究中的题目（Anderson & Murphy, 2003）和第一节研究中奖赏-干扰任务后的访谈的内容分析的结果发展了任务相关的干扰/不干扰动机问卷。该问卷包含了工具性动机、道德许可动机和道德抑制动机三个子问卷，是奖赏-干扰任务的配套问卷。当前研究的结果表明，该问卷的信度和结构效度良好。因此干扰/不干扰动机问卷为未来主动性攻击任务的应用、发展和评价提供了一个综合的参考。正如前文所说，奖励的工具性动机是主动性攻击的定义性的特征，因此工具性动机是用来测量奖赏-干扰任务的聚合效度的一个关键指标。研究结果揭示了由奖赏-干扰任务测得攻击行为与工具性动机显著正相关，且相关系数较高（$r = 0.65$）。该结果显示奖赏-干扰任务中的攻击行为的确会指向奖赏的工具性动机。为了进一步检验奖赏对奖赏-干扰任务中的攻击行为的影响，我们在第四节的研究中操作了奖赏的大小，并且发现随着金钱奖励的增加，被试攻击行为也随之增加。综上所述，我们的结果支持了有关奖励的工具性动机对奖赏-干扰任务中攻击行为起到促进作用的假设。

道德许可动机，尤其是道德推脱动机，是主动性攻击任务中的另一个关键的评价因素。道德标准通过自我制裁的机制阻止人们在追求自己特定目标的时候采用对他人的伤害行为（Anderson & Bushman, 2002, Kish-Gephart et al., 2014）。当人们为了自己的目标深思熟虑的攻击选择，此时攻击选择可能会被道德系统所抑制（Anderson & Bushman, 2002, Crockett et al., 2017）。道德去抑制可以降低自我制裁机制对伤害行为的束缚作用，这使个体当追求自己的利益的时候，即使他们违反了他们自己的道德标准，也可以回避道德的制裁，并且让个体做出主动性攻击的选择

（Hyde et al.，2010，Perren & Gutzwiller-Helfenfinger，2012，Bussey et al.，2015）。另外，如果个体缺乏道德抑制（如缺乏道德情绪）或者缓解道德抑制和束缚，他将会倾向于做出攻击决策，做出攻击行为（Smeijers et al.，2018，Cima et al.，2007）。因此在本研究中，我们用了暴力态度、内疚情绪和精神质作为攻击校标的主要指标。和预期的一致，在奖赏-干扰任务中的攻击行为与道德推脱、暴力态度（暴力态度对暴力的合理化和辩护）、低道德抑制、精神质和低内疚是正相关的。这个结果是和之前的研究是一致的，之前的研究发现主动性攻击与道德推脱是正相关的关系（Bussey et al.，2015，Gini et al.，2014，Thornberg & Jungert，2014），并且这也揭示了奖赏-干扰任务中的攻击行为会涉及道德推脱动机。

反应性攻击是被激惹刺激和负性情绪唤醒，如愤怒和敌意所驱动的攻击行为（Castro et al.，2005，Little et al.，2003，McAuliffe et al.，2006）。与反应性攻击相比，无激惹、低负性情绪唤醒也被认为是主动性攻击的显著特征（Dodge & Coie，1987，Raine et al.，2006）。尽管奖赏-干扰任务没有包含激惹条件，但是情绪唤醒水平仍需要被测试。因此负性情绪唤醒被用作奖赏-干扰任务的区分效度的指标。在第二节的研究中，我们发现在奖赏-干扰任务中愤怒情绪并没有显著的变化。这些结果显示，奖赏-干扰任务中的攻击行为没有被愤怒情绪唤醒所驱动。另外，由泰勒攻击范式测量的反应性攻击和无奖赏无诱因的攻击行为被作为奖赏-干扰任务的区分和聚合效度的指标。第三节的研究展示，由泰勒攻击范式测量的反应性攻击与奖赏-干扰中的攻击行为相关不显著，而无奖赏无诱因的主动性攻击行为与奖赏-干扰任务中的主动性攻击程序中等程度的相关。这些结果反映了奖赏-干扰任务中的攻击行为是与反应性攻击不同的，而在一定程度上是与无奖赏无诱因的主动性攻击行为相关的。对于奖赏-干扰任务的聚合和区分效度的检验，反映了在奖赏-干扰任务中的攻击行为具有主动性攻击的典型特征，并且没有涉及反应性攻击的特征。因此奖赏-干扰任务是一个可以用于引起和评价有诱因的主动性攻击的充足有效的实验任务。

但是，在我们这些研究中也有一些局限性。首先，当前这四个研究中的所有数据都来自我国年轻的健康的大学生被试,这可能限制了该任务使用的样本和范围。因此在未来的研究中,我们可以选择其他样本群体,如社区中老年群体或者青少年群体或暴力犯等来进一步检验奖赏−干扰范式的有效性。另外,目前我们仅仅在我国的样本中对奖赏−干扰任务进行了信效度检验。在未来的研究中,我们也可以在其他文化下的样本中,对该任务的信效度进行检验,如个体主义文化下的样本。一方面,我们假设来自集体主义文化下的实验者的奖赏−干扰任务的结果,可以推广到个体主义文化下的样本中,因为无论在集体主义文化下还是在个体主义文化下,我们都发现了很多类似于奖赏−干扰任务中的攻击行为的主动性攻击的日常生活中的例子。如为了获得金钱伤害他人的行为或者为了获得体育比赛的胜利而伤害他人的行为。因此我们认为,奖赏−干扰任务中攻击行为在不同的文化下应该是相似的。另一方面,主动性攻击会涉及道德规范,并且奖赏−干扰任务涉及社会的交互。在奖赏−干扰任务中的攻击行为,看起来会被一些社会文化因素所影响,因此个体主义文化和集体主义文化对奖赏−干扰任务中的攻击行为的影响需要被进一步的研究。第二,实验任务的生态效度需要被进一步检验和提高。如未来研究应该用真实的交互策略来增加实验任务的真实性。第三,干扰/不干扰动机问卷的效度需要做进一步的检验。道德推脱的内部一致性不是很高,目前为0.65,这可能是因为在奖赏−干扰任务中,每个被试倾向于采用的道德推脱策略可能是不同的。道德推脱涉及了几个策略,在奖赏−干扰任务中,被试可能没有均等使用每一个道德推脱的策略。一些道德推脱的策略可能一些被试并没有用过,而另一些被试却经常使用。道德推脱子量表的题目需要被进一步修改,并且这个结果需要被进一步的重复。第四,在未来,可以用自主神经系统或其他的愤怒测量方法,来测量奖赏−干扰任务中的攻击行为的低愤怒唤醒的特征。第五,在奖赏−干扰任务中的主动性攻击是被奖赏驱动的,因此在一定程度上他应该与行为激活和抑制问卷中的驱动子量表和奖赏反应子量表有关。但是在当前的研究中,并未用行为激活量表中的驱动和奖赏量表作为效度校标。这些校标在未来的研究中可以被进一步应用。

第五章

主动性攻击的神经基础

如前所述，主动性攻击是指有意伤害他人的行为或者通过攻击的手段为了获得个人目标和利益的倾向，这种行为和倾向常常伴随深思熟虑的、道德的许可，它经常发生在没有激惹的情境下，发生前并无被激惹所产生的负性情（Dodge & Coie, 1987, Zhu, Wang et al., 2019）。主动性攻击包含了特质和状态两个水平（Raine and Yang, 2006, Zhu, Zhou et al., 2019）。特质主动性攻击是指相对稳定的行为倾向或行为模式，而不是指特定的反应，这会使个体在不同的奖励情境下皆倾向于采用伤害行为来获得自己的利益或达到目标，而状态主动性攻击主要是由特定奖励诱发的特定的攻击反应（Atkins and Stoff, 1993, Helseth et al., 2015, Moore et al., 2018）。换而言之，特质主动性攻击是个体反应的是人们做主动性攻击的静态偏好，而不是心理过程；而状态主动性攻击反应的，是主动性攻击动态的心理过程。盗窃、暴力竞争和预谋性犯罪等都是主动性攻击的典型表现（Wrangham, 2018, Peters et al., 2020, Slaughter et al., 2020）。主动性攻击可以预测犯罪行为（Hubbard et al., 2010），导致高的经济消耗，且对个体的心理和身体健康有负面的影响（Yüksel & Çekiç, 2019）。探究主动性攻击的神经基础，将有助于帮助我们进一步了解主动性攻击发生的原因和机制，为主动性攻击的干预提供一定的指导。本章从特质和状态两个角度，通过四个研究对主动性攻击的神经基础进行探究。

第一节

特质主动性攻击脑结构和静息态功能连接基础

如前所述,根据攻击的动机,攻击可以被分为主动性攻击和反应性攻击,二者在心理、生理和神经基础方面都有所不同。之前的研究主要集中于探究状态反应性攻击的神经基础。之前的状态反应性攻击主要用泰勒攻击范式(Taylor Aggression Paradigm, TAP)和点减分范式(Point Subtraction Aggression Paradigm (PSAP)来测量个体对激惹的反应。结果表明,状态反应性攻击主要涉及眶额叶、腹内侧前额叶、前扣带皮层、背外侧前额叶、颞上回和杏仁核等脑区。行为和大脑影像学研究表明,情绪加工是状态反应性攻击的主要成分。

相对来说,目前关于主动性攻击的神经基础的研究还相对较少。之前研究用大脑刺激技术通过增加右侧额叶或抑制左侧额叶的活动,使右侧额叶占优势,从而探究背外侧前额叶和与由泰勒攻击范式和点减分范式测得的主动性攻击的因果关系。结果表明,在男性被试中,随着右侧背外侧前额叶神经活动的增强,主动性攻击水平被降低;相对于抑制右侧背外侧前额叶的神经活动,抑制左侧背外侧前额叶皮层的神经活动,主动性攻击被增加。但抑制右额叶皮层的神经活动与伪刺激相比主动性攻击没有差别的。另一个研究在青少年群体中,探究主动性攻击的大脑结构基础。作者招募了104名14岁的青少年双胞胎,并且测量他们基于张量的形态组织和皮层厚度的大脑结构。完成扫描后,作者让被试填写反应性-主动性攻击问卷。该问卷包含了特质主动性攻击和特质反应性攻击的题目。这些项目涵盖了广泛的日常活动,包括言语和身体威胁以及行动。被试需要评价他们做出这种行为有多频繁。在该研究中,作者发现了攻击总分与左侧尾状核、双侧壳核和右侧眶额叶的体积呈现正相关关系；以及攻击总分与颞下回、颞上回、颞中回和右侧顶上、双侧顶下和双侧枕叶的皮层厚度呈正相关关系。他们也发现了攻击总分和额中回的体积和皮层厚度呈负相关关系。在后测分析中，作者另外发现，主动性攻击与尾状核、壳核和眶额叶的体积及颞上回、颞下回和中央旁回的皮层厚度呈正相关关系，额中回的体积、额上回、额中回和前扣带的皮层厚度负相关。这些研究揭示了主动性攻击与额叶如背外侧前额叶、眶额叶；顶叶如顶下和顶上回和扣带如前扣带的灰质结构和大脑功能有关。这些脑区被发现会涉及下面提到的特质主动性攻击的关键特征。

特质主动性攻击的个体差异主要由于以下三个方面的原因：（1）主动性攻击动机，是指通过攻击的方式获得工具性目标的趋近动机；（2）行为执行和监控的能力和倾向（如目标导向、计划和预谋）；（3）主动性攻击行为的道德许可的能力和倾向，如道德推脱的能力或倾向、低道德认知和情绪。据此，我们推测主动性攻击的个体差异会体现在与这三个方面相关的大脑结构或活动上。

首先，有高特质主动性攻击的个体可能有较高的趋近动机。在反应性–主动性攻击问卷中，趋近动机通过像"用武力获得自己想要的"这类题目来测量。左侧背外侧前额叶（dorsolateral prefrontal cortex, DLPFC）是趋近动机的主要负责脑区，因此我们可能观察到背外侧前额叶的个体差异与主动性攻击相关（Hecht & Latzman, 2018, Spielberg et al., 2011）。

第二，与低主动性攻击个体相比，高主动性攻击个体在无激起的背景下，会展示出更多的具有"冷酷无情"特征的攻击行为及更加有组织、有计划的攻击行为（Spielberg et al., 2011, Barker et al., 2007）。在反应性–主动性攻击问卷中，"在争斗中携带武器"是和这类目标趋近的行为相关的题目。而双侧背外侧前额叶主要在执行控制中起着关键作用（Barbey & Sloman, 2007, Carter et al., 2001, Cieslik et al., 2013）。同时，为了自己利益而伤害他人的行为，也激活了背外侧前额叶，另外脑岛、颞顶联合区一直拓展到颞上沟皆被激活（FeldmanHall et al., 2013）。因此，我们预测特质主动性攻击的个体差异，可能会涉及背外侧前额叶和其他一些脑区。

第三,主动性攻击高的个体的一个典型特征,是具有较低的道德认知和情绪水平,如缺乏共情(Euler et al.,2017, Fazel et al.,2009, Lozier et al.,2014)、心理化和内疚等(Austin et al.,2017, Caravita et al.,2010, Castro et al.,2005, Euler et al.,2017)。这些个体当许可主动性攻击出现的时候,倾向于用道德推脱的策略来降低或避免道德抑制如自我制裁的产生(Gini et al.,2014, Bussey & Fitzpatrick,2014, Thornberg & Jungert,2013)。尽管反应性-主动性攻击问卷中的题目没有直接描述高特质主动性攻击的不道德特征,因为道德去抑制是主动性攻击的基础,我们预测共情、心理化和道德相关的脑区,如内侧前额叶、前扣带皮层、楔前叶、后扣带和颞顶联合区(Bzdok et al.,2012, Gifuni et al.,2017)可能是特质主动性攻击的道德方面的脑区。

当前我们继续沿着之前的研究脉络,在大学生被试中探究特质主动性攻击的神经解剖和功能网络特征。我们收集了 240 名参与者的结构影像数据,和 162 名参与者的静息态影像数据,并用这些数据检验了特质主动性攻击(反应性攻击)与大脑测量间的相关。

一、研究方法

(一)被试

当前研究有 240 名健康的右利手大学生被试参加,其中 112 名男生,平均年龄为 20.32 岁,标准差为 1.95 岁。这些被试来自一个我们正在进行的项目,该项目主要探究攻击行为和心理健康相关的脑基础。所有被试都没有精神和神经疾病。240 名被试被包含在基于形态学的体素分析中。但是只有 162 名大学生参加了静息态影像学的扫描。其中七名被试由于头动过大,即转动或平动参数大于 3 毫米,被排除了进一步的分析。最终 155 名被试被用于静息态功能连接的分析,其中男性被试 62 人,平均年龄为 19.85 岁,标准差为 1.57。参加结构像和静息态影像数据的扫描后,所有被试皆完成了反应性-主动性攻击问卷(Raine et al.,2006)。所有被试都签署了知情同意书,并且得到了相应的报酬。该实验已经得到了西南大学脑成像中心伦理委员会的审核。

（二）测量工具

1. 反应性–主动性攻击问卷（Reactive–proactive aggression questionnaire，RPQ）

该问卷有 23 个题目，被用于测量个体的特质反应性攻击和主动性攻击水平（Raine et al.，2006）。在该问卷中，其中 12 个题目被用于评价个体的主动性攻击的水平，如为了赢得比赛伤害他人；11 个题目被用于测量个体的反应性攻击水平，如当被激惹的时候发怒。被试需要在一个三级评分表上评价自己做这些行为的频率或者有这些态度的频率。中文版的反应性–主动性攻击问卷两因素结构已经被验证性因素分析所支持（RMSEA = 0.056，CFI = 0.96，TLI = 0.96），并且在中国样本中也得到了较好的内部一致性系数，其中反应性攻击子维度的内部一致性系数为 0.83，主动性攻击子维度的内部一致性系数为 0.80。

之前研究表明，主动性攻击和反应性攻击是显著相关的（Hubbard et al.，2010，Merk et al.，2005，Raine et al.，2006）。并且在当前的研究中，二者的相关性仍是显著的，相关值 r 为 0.41，显著性 $p < 0.001$。为了排除反应性攻击对主动性攻击的神经基础的影响，回归掉反应性攻击的主动性攻击的残差得分（Miller & Lynam，2006）被用来计算主动性攻击的神经基础。相似地，回归掉主动性攻击的反应性攻击的残差得分（Miller & Lynam，2006）被用来探究反应性攻击的神经基础的相关。

（三）影像数据采集

1. 结构影像数据采集

我们用德国西门子 3T 的扫描仪器（Siemens Medical，Erlangen，Germany）收集了 240 名被试的结构影像数据。结构影像的收集共花费 4 分 30 秒。一个磁化预备的快速回波序列被用来采集高分辨率的 T1 加权解剖影像。具体参数设置如下：回波时间（echo time）被设置为 2.52 毫秒，重复时间（repetition time）被设置为 1900 毫秒，翻转角（flip angle）被设置为 90°，层数（slices）被设置为 176 层，反转时间（inversion time）被设置为 900 毫秒,视野矩阵（resolution matrix）被设置为 256×256 平方米,厚度（thickness）被设置为 1 毫米,体素大小（voxel size）被设置为 1×1×1 立方毫米。

2. 静息态影像数据采集

我们用 T2 加权的梯度回波影像序列收集被试的静息态影像数据。具体参数设置如下:回波时间（echo time）被设置为 30 毫秒,重复时间（repetition time）被设置为 2000 毫秒,翻转角（flip angle）被设置为 90°,层数（slices）被设置为 32 层,视野矩阵（field of view）被设置为 220×220 平方毫米,层厚（slice thickness）被设置为 3 毫米,体素大小（voxel size）被设置为 3.4×3.4×4 立方毫米。在静息态影像数据的采集过程中,实验者指导被试以最舒服的方式躺在扫描仪器中,将眼睛闭上,但是要保持清醒的状态,不能睡着。静息态影像数据采集共花费 8 分钟左右。

（四）影像数据分析

1. 数据预处理

（1）结构影像数据预处理

我们用矩阵实验室（MATLAB2014a）和统计参数图系列软件（SPM12）进行了大脑结构影像数据的预处理。首先,我们将原始数据的 dcm 格式转化为 SPM 可以识别的 nift 格式,并检查每一个影像数据的质量,判断其是否有损伤、是否有伪影的存在,以保证图像的质量。其次,我们手动调整了前联合（AC）—后联合（PC）点坐标,以使得坐标原点处于前联合位置,为后面的数据处理做好准备。第三,我们采用 "New Segmentation" 的方法对结构影像数据进行了分割,每个影像数据皆被分割为脑脊液、白质和灰质三个部分。第四,用该研究中的 240 名参与者的影像数据,通过 SPM 中 DARTEL（Diffeomorphic Anatomical Registration Through Exponential Lie algebra）的工具生成特定的模板（Ashburner,2007）。具体步骤如下:分割产生的 240 个灰质图像被平均,生成了一个平均的灰质影像模板,随后每个灰质影像数据被逐个配准至平均模板上,此时每个图像又会产生一个新的灰质图像。这些新的灰质图像又被用来生成新的平均模板,所有的灰质图像又会被配准到该平均模板上,这样不断地迭代,直至产生一个最优的模板。最优模板的衡量方法为图像和变形模板之间的差异最小,这个差异通过莱文贝格－马夸特方法来获得。最后生成的最优模板被变形到标准空间（MNI 空间）。第五,每一个被试的灰质影像皆被配准至最后变形后的模板上,最后采用 8 毫米的平滑核对图像进行平滑。

（2）静息态影像数据预处理

我们用严超赣研究员开发的工具包 DPARSF 来处理静息态影像数据,该工具包主要调用了 SPM 工具包的函数（Yan & Zang, 2010）。首先,我们删除了数据的前 10 个时间点的图像,以确保功能影像数据信号的稳定。剩余的 232 个图像被纳入进一步的处理中。其次,对功能影像数据进行标准化,使用标准化的参数对图像进行标准化的转换。第三步,为了减少脉搏等生理噪音的影像,我们将白质信号、脑脊液和头动参数作为了协变量进行回归。第四步,对影像数据进行了平滑,采用了 6 毫米的平滑核。第五步,对静息态影像数据进行去线性漂移,以进一步减少生理噪音,如眼动的影响。最后,对影像数据进行滤波处理,去除低频和高频噪音（Biswal et al., 1995）。其中七名实验参与者由于头动的旋转或平移的幅度超过了 3 毫米且平均帧位移（FD）值超过 0.3,这七名被试在后面的分析中被排除。本研究采用詹金森的相对均方根算法（Jenkinson's Relative Root Mean Square Algorithm）计算的平均帧位移（FD）值。

2. 灰质密度与行为的相关分析

该研究用全脑分析的方法探究特质主动性攻击的大脑结构相关。在 240 名大学生样本中,我们用多重线性回归的方法,计算灰质密度和回归掉反应性攻击的主动性攻击残差得分的相关,同时在这个模型中年龄、性别和全脑灰质密度被作为无关的协变量。在本样本中,主动性攻击的得分的分布是偏态的,其中 140 名学生的特质主动性攻击的得分为 0 分。为了检验这些得 0 分的被试对主动性攻击的神经相关的影响,我们在排除得 0 分的被试的 100 名大学生的样本中,采用多重回归的方法,计算了特质主动性攻击和大脑结构的关系。在这个模型中,年龄、性别和全脑灰质密度同样被作为协变量。在该模型中,为了进一步有效排除噪音,增强白质和灰质的边缘的清晰度,以限定搜索的范围,我们将体素信号绝对强度的阈值设置为0.2,以确保低于0.2概率为灰质的体素能从该统计分析中排除。该研究的结果用REST软件中的蒙泰卡洛AlphaSim的矫正方法来做矫正(Yan & Zang,2010)。在体素水平,阈值p被设置为0.001;在团块水平,阈值p被设置为0.05。

3. 静息态功能连接与行为的相关分析

为了探究主动性攻击的结构基础的相关脑区是否可以与其他脑区形成网络共同解释特质主动性攻击,本研究接着做了特质主动性攻击与静息态功能连接的相关分析。在功能连接的分析中,我们将在240人样本中获得的灰质密度与特质主动性攻击的相关分析的结果区域作为感兴趣的种子点。参照之前的研究(Li et al.,2015,Li et al.,2016),以显著结果区域的峰值点作为坐标中心原点,画半径为6厘米的小球,将做的这些小球作为种子点,并提取该种子点的时间序列。紧接着,我们计算每一个种子点与全脑其他体素的相关,每个个体皆得到一个相关系数图像。该研究用费希尔变换,将这些图像中的相关系数r图像转化成了Z图像。最后,组水平上,在155名的大学生样本中,我们用多重回归的分析方法探究在功能连接分析中,哪些脑区与感兴趣的种子点的功能连接强度是与特质主动性攻击得分呈现显著相关的。在该多重线性回归模型中,特质主动性攻击残差得分被作为自变量,性别、年龄和头动指标FD值被作为无关的协变量进行回归。用REST软件中的蒙泰卡洛矫正对结果进行了多重比较矫正。在体素水平,我们将阈值p设置为0.001;在团块水平,我们将阈值p设置为0.05。

为了检验在特质主动性攻击中得0分的个体对主动性攻击的神经基础的影响,本研究在排除这些得0分的个体后的65名大学生的样本中,重复了以上计算过程。同样将回归掉反应性攻击的主动性攻击的残差得分作为自变量,将性别、年龄和头动FD指标作为协变量。并用蒙泰卡洛矫正对最后的结果做多重比较矫正,阈值设置与上面的操作保持一致,在体素水平p设置为0.001;在团块水平p设置为 0.05。

4. 性别对特质主动性攻击的大脑结构相关的影响

为了检验性别对特质主动性攻击的大脑基础的影响,本研究调查了主动性攻击与大脑结构相关的结果在性别中的差异。我们在 SPM12 中做了体素水平的单因素方差分析(ANCOVA),并将性别定义为组因素。全脑灰质密度、年龄、性别被作为了协变量,回归掉反应性攻击的主动性攻击的残差得分与性别在 SPM12 中被交互。交互的结果用蒙泰卡洛矫正进行多重比较矫正。在体素水平,阈值被设置为 0.001;在团块水平,阈值被设置为了 0.05。

5. 性别对特质主动性攻击的功能连接的影响

为了检验特质主动性攻击与静息态功能连接的关系是否受到性别的影响,本研究在所有样本及特质主动性攻击得分为非零的样本中,调查主动性攻击和指定的种子点的静息态功能连接的关系是否存在性别差异,将性别定义为组因素。在体素水平中,用 SPM12 做了单因素方差分析(ANCOVA)。全脑灰质密度、性别、年龄被作为无关协变量进行回归。交互结果用蒙泰卡洛矫正做了多重比较矫正,在体素水平,阈值被设置为 0.001;在团块水平,阈值被设置为 0.05。

6. 预测分析

为了检验特质主动性攻击的大脑基础的稳定性,本研究用机器学习的方法来做进一步的验证。该方法是基于平衡的交叉验证的线性回归方式进行的(Kong et al.,2015, Supekar et al.,2013, Wang et al.,2018)。我们用 REX 工具将灰质密度与特质主动性攻击显著相关脑区的平均灰质密度值,以及静息态功能连接与特质主动性攻击相关的脑区与种子点的连接强度的平均值提取出来。在机器学习的回归模型中,回归了反应性攻击的主动性攻击的残差被作为了因变量,显著区域的灰质密度的平均值和静息态功能连接的强度值被设置为自变量。本研究所采用的数据集被平均分为四份,其中三份为训练集,用以训练线性回归模型;一份被用来作为测试集,用于测试模型。这个过程被进行了四次,进行了四次的迭代后获得了预测值和实际的观测值之间的四次相关系数的均值,即 $r_{(预测, 观察)}$。这个相关系数的均

值 $r_{(预测,观察)}$ 代表了自变量对因变量的预测效果。

该模型的显著性被非参数检验来验证。随机产生的 1000 个迭代数据集被用来估计在零假设中,即回归了反应性攻击的主动性攻击的残差得分与大脑结构及静息态功能连接的相关结果为 0 时,$r_{(预测,观察)}$ 的分布情况。每一个被随机生成的用于迭代的数据集(Di)的大小皆与实际中观测数据的数量是一致的。迭代的数据集通过将观测变量的标签进行置换随机生成。随后,采用四折平衡的交叉验证的回归模型,对每一个随机生成的数据集(Di)进行四等分。三份数据用于模型的训练,一份数据用于模型的检验,同样将这个过程在每一个随机生成的数据集中重复四次,得到平均的 r 值。每个随机生成的数据集皆会计算产生一个 $r_{(预测,观察)}$ 值。一千个数据集,则形成了 1000 个 $r_{(预测,观察)}$ 值,这些 r 值形成了零假设的分布。特质主动性攻击的结构和静息态功能连接相关的显著性,通过计算在迭代的数据集中大于真实的 $r_{(预测,观察)}$ 的个数,除以数据集的个数 1000(Evans et al.,2015,Kong et al.,2018,Supekar et al.,2013)得到。如果该值可以达到显著水平,该结果则是显著的,否则为不显著的。

二、数据结果

(一)描述统计

表 5.1.1 呈现了特质主动性攻击和反应性攻击在男性、女性被试中的平均数和标准差及年龄的均值和标准差。独立样本 t 检验的结果显示,特质主动性攻击和反应性攻击均不存在性别差异($F_{主动性攻击} = 1.43, p = 0.23$;$F_{反应性攻击} = 0.15, p = 0.70$)。

表 5.1.1 行为数据的描述统计结果($N = 240$)

	女性		男性	
	均值(M)	标准差(SD)	均值(M)	标准差(SD)
年龄	20.31	2.03	20.32	1.85

续表

	女性		男性	
	均值（M）	标准差（SD）	均值（M）	标准差（SD）
反应性攻击	8.18	4.32	8.74	4.21
主动性攻击	0.92	1.84	1.07	2.40

（二）特质主动性和反应性攻击的大脑灰质密度相关

在 240 名被试中，多重回归分析的结果发现，特质主动性攻击与双侧背外侧前额叶的灰质密度呈现显著的正相关关系，其中右侧背外侧前额叶的峰值点的坐标为 $x = 48, y = 32, z = 32$，强度 t 值为 4.50；左侧背外侧前额叶的峰值点的坐标为 $x = -41, y = 24, z = 45$，强度 t 为 5.08。另外特质主动性攻击与后侧扣带皮层的灰质密度呈现显著的负相关，峰值点的坐标为 $x = 6, y = -65, z = 14$，强度 t 值为 -5.08（见表 5.1.2 和图 5.1.1）。

表 5.1.2　在所有的样本中，区域灰质密度与特质主动性攻击显著相关的脑区

脑区	峰值点坐标			团块大小	最强点的 T 值
	x	y	z		
负相关					
后侧扣带	6	-65	14	637	-4.58
正相关					
右侧背外侧前额叶	48	32	32	241	4.50
左侧背外侧前额叶	-41	24	45	235	5.08

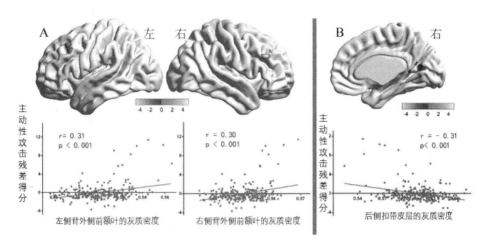

图 5.1.1　主动性攻击的大脑结构（灰质密度）相关（$n = 240$）。
散点图为了进一步展示主动性攻击和相应脑区的相关趋势。

被用于检验特质主动性攻击的结构相关的稳定性的预测分析的结果表明,左侧背外侧前额叶的灰质密度和右侧背外侧前额叶的灰质密度显著的正向预测特质主动性攻击（$r_{(预测,观察)左侧} = 0.18, p < 0.001$；$r_{(预测,观察)右侧} = 0.26, p < 0.001$）,后侧扣带的灰质密度亦可显著预测特质主动性攻击（$r_{(预测,观察)} = 0.31, p < 0.001$）。

特质反应性攻击的结果如下：回归掉主动性攻击的特质反应性攻击的残差得分与颞上回的灰质密度是正相关的,但是未经过多重比较矫正。我们将体素水平的阈值设置为 0.001,团块水平设置为 50 个体素大小的水平。该结果的峰值点的坐标为 $x = 50, y = -44, z = 23$。被用来检验颞上回的灰质密度与特质反应性攻击关系的稳定性的预测分析表明,颞上回的灰质密度可以显著的预测特质反应性攻击（$r_{(预测,观察)} = 0.23, p < 0.001$）。

在特质主动性攻击未得零分的样本中,多重回归分析的结果发现,特质主动性攻击得分的残差与双侧背外侧前额叶的灰质密度显著正相关,左侧背外侧前额叶的峰值点的坐标为 $x = -32, y = 36, z = 45$,强度 t 值为 4.03；右侧背外侧前额叶的峰值点的坐标为 $x = 39, y = 23, z = 54$,强度 t 值为 5.77；与后侧扣带的灰质密度呈现显著的负相关，峰值点的坐标为 $x = 9, y = -66, z = 11$，强度 t 值为 -4.83（见表 5.1.3 和图 5.1.2）。

表 5.1.3 在主动性攻击得分不为 0 的样本中，区域灰质密度与特质主动性攻击显著相关的脑区

脑区	峰值点			团块大小	最强点的 T 值
	x	y	z		
负相关					
后侧扣带	9	−66	11	1182	−4.83*
舌回	24	−62	−8	78	−4.80
枕中回	41	−69	−2	66	−4.20
正相关					
右侧背外侧前额叶	44	33	41	91	4.23
右侧背外侧前额叶	39	23	54	155	5.77
左侧背外侧前额叶	−32	36	45	52	4.03

注：* 表示做了多重比较矫正后仍存留下来的结果。

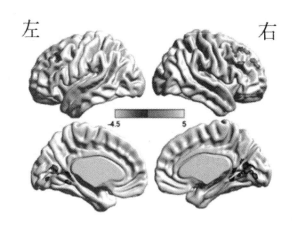

图 5.1.2 在排除主动性攻击得分为 0 的被试后，主动性攻击的大脑相关的结果

注：图中呈现的团块为在表示为体素水平的阈值设置为 $p < 0.005$，团块大小大于 400 个

体素的结果。

（三）特质主动性和反应性攻击的功能连接相关

多重回归模型被用来探究特质主动性攻击的结构基础与哪些脑区在功能上一起预测特质主动性攻击。在静息态功能连接的分析中，特质主动性攻击的大脑结构基础的显著脑区的峰值点坐标为中心，画了6毫米的小球作为了感兴趣区域。在整个样本中，当左侧背外侧前额叶作为种子点时，特质主动性攻击与左侧背外侧前额叶和左侧顶下的功能连接强度负相关。左侧顶下沟的峰值点坐标为 $x=-45, y=-57, z=42$，强度 t 值为 -4.89（见表5.1.4和图5.1.3）。当右侧背外侧前额叶作为种子点时，右侧背外侧前额与任何脑区的功能连接皆与特质主动性攻击相关不显著。后侧扣带为种子脑区时，后侧扣带皮层与以下脑区的功能连接强度与特质主动性攻击相关，即内侧前额叶延伸至前扣带皮层、背外侧前额叶、楔前叶和顶下，这几个脑区的峰值点坐标分别为 $x=6, y=45, z=-3$，强度 t 值为 -4.93；$x=9, y=-63, z=33$，强度 t 值为 -5.03；$x=36, y=15, z=42$，强度 t 值为 -5.15；$x=48, y=-57, z=39$，强度 t 值为 -3.71（见表5.1.4和图5.1.4）。

四折平衡的交叉验证的机器学习的方法被用来检验以上结果的稳定性。结果发现，左侧背外侧前额叶与顶下的功能连接强度可以显著预测特质主动性攻击，其中预测值 $r_{(预测，观察)}=0.28$，显著性为 $p<0.001$；后侧扣带皮层与包含了前扣带皮层的内侧前额叶的功能连接强度、楔前叶的功能连接强度、背外侧前额叶的功能连接强度、及顶下的功能连接强度皆可以显著预测特质主动性攻击，其中预测值分别为 $r_{(预测，观察)前扣带/内侧前额叶}=0.29$，$r_{(预测，观察)楔前叶}=0.32$，$r_{(预测，观察)背外侧前额}=0.37$，$r_{(预测，观察)顶下}=0.31$，显著性皆为 $p<0.001$。

同时为了探究是否有脑区与特质反应性攻击的结构基础颞上回在功能上一起预测特质反应性攻击，我们做了多重回归模型。特质反应性攻击被作为了自变量，个体的功能连接图像被作为了因变量，年龄、性别和头动指标 FD 被作为了协变量。结果发现，颞上回与任何脑区的功能连接强度皆不能显著预测特质反应性攻击。

为了探究在特质主动性攻击得 0 分的个体对结果的影响,我们在特质主动性攻击不为 0 分的样本中,对以上分析进行了重复。结果与在整体样本中的基本一致。当以左侧背外侧前额叶作为感兴趣区域时,左侧背外侧前额叶与顶下的功能连接强度与特质主动性攻击显著负相关,顶下区域的峰值点坐标为$-48, -57, 42$,未校正,在体素水平,阈值 p 被设置为 0.001;团块水平被设置为 50 个体素。未发现有显著的区域与右侧背外侧前额叶的连接强度与特质主动性攻击显著相关;另外,发现后侧扣带与内侧前额叶延伸至前扣带皮层、楔前叶、背外侧前额叶皮层的连接强度与特质主动性攻击显著相关,这些脑区的峰值点坐标分别为 $x = 9, y = 45, z = -3$,强度 t 值为-4.35;$x = 15, y = -60, z = 33$,强度 t 值为-4.93;$x = 36, y = 12, z = 42$,强度 t 值为-4.08(见表 5.1.5 和图 5.1.5)。

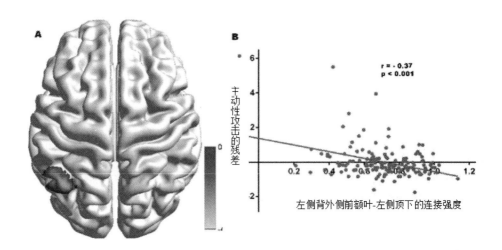

图 5.1.3　以左侧背外侧前额叶为种子点的功能连接与特质主动性攻击的相关结果(图 A)条状图代表 t 值。图 B 代表主动性攻击和背外侧前额叶与顶下的功能连接强度相关的散点图。

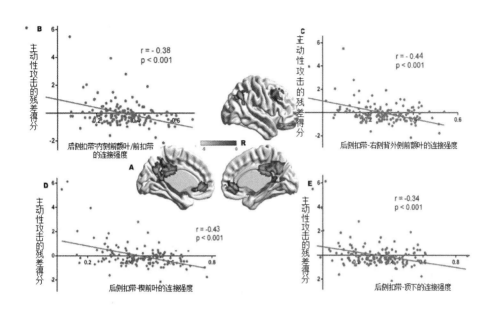

图 5.1.4　以后侧扣带为种子点的功能连接与特质主动性攻击的相关结果（图 A）。条状图代表 t 值。散点图（板块 B-E）代表特质主动性攻击与后侧扣带和内侧前额叶 / 前侧扣带（图 B）、右侧背外侧前额叶（板块 C）、楔前叶（板块 D）、右侧顶下（板块 E）的功能连接强度的相关情况。

表 5.1.4　在所有有静息态数据的被试群体中，主动性攻击与种子点的功能连接的相关结果

脑区	峰值点坐标			团块大小	峰值点的 T 值
	x	y	z		
后侧扣带作为种子点					
顶下	48	−57	49	140	−3.71
内侧前额叶 / 前扣带	6	45	−3	315	−4.93
背外侧前额叶	36	15	42	289	−5.15
楔前叶	9	−63	33	895	−5.03
左侧背外侧前额叶作为种子点					
顶下	−45	−57	42	131	−4.89

表 5.1.5　在排除主动性攻击得分为 0 的样本中,主动性攻击与种子点的功能连接的相关结果

脑区	峰值点坐标			团块大小	峰值点的 T 值
	x	y	z		
后侧扣带作为种子点					
内侧前额叶 / 前扣带	9	45	−3	119	−4.35*
背外侧前额叶	36	12	42	98	−4.08*
楔前叶	15	−60	33	113	−4.93*
丘脑	18	−30	3	65	−4.06
左侧背外侧前额叶作为种子点					
顶下	−45	−57	39	61	−3.91

* 表示做了多重比较矫正后仍存活下来的结果。

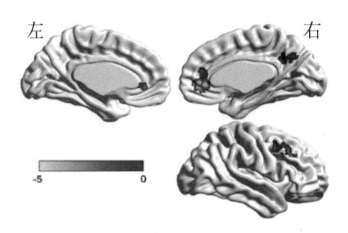

图 5.1.5　在排除主动性攻击得分为 0 的被试后,以后侧扣带为种子点的功能连接与特质主动性攻击的相关结果。条状图代表 t 值的大小。

（四）性别对特质主动性攻击的大脑结构和静息态功能连接相关的影响

在整体样本和排除主动性攻击得 0 分的个体后的样本中，控制了年龄、平均 FD 值后，在体素水平的单因素方差分析（ANCOVA）结果表明，性别与主动性攻击的得分的交互效应，皆对主动性攻击的灰质密度相关和静息态功能连接相关影响不显著，即主动性攻击的大脑灰质密度基础和静息态功能连接相关的结果不受性别的影响。

（五）性别对特质反应性攻击的大脑结构相关的影响

在整体样本和排除主动性攻击得 0 分的个体后的样本中，控制了年龄、平均 FD 值后，在体素水平的单因素方差分析（ANCOVA）结果表明，性别与反应性攻击的得分的交互效应，对反应性攻击的灰质密度相关影响不显著，即反应性攻击的大脑灰质密度基础的结果不受性别的影响。

三、讨论

（一）结果讨论

本研究将灰质密度和静息态功能连接相结合探究特质主动性攻击的大脑相关。当前研究表明，特质主动性攻击与双侧背外侧前额叶的灰质密度是正相关的，与后侧扣带的灰质密度是负相关的。另外，我们发现左侧背外侧前额叶和顶下小叶的功能连接强度为负相关。后侧扣带与双侧背外侧前额叶、双侧顶下小叶、前扣带一直延伸至内侧前额叶和楔前叶的功能连接强度与主动性攻击是负相关。这些结果支持了我们的假设，主动性攻击的个体差异可能是由于一些脑区的结构模态和连接不同的原因造成的。

首先，与我们的假设一致，特质主动性攻击与背外侧前额叶的灰质密度呈现显著正相关，这揭示了背外侧前额叶在主动性攻击的动机，即通过攻击的方式获得奖赏的工具性动机中起着重要作用，同时也可能在行为监督的能力和倾向上发挥着重要作用。如，对攻击认知和行为的执行控制能力。正如我们在前文中提到的，高特质主动性攻击的个体会有高的趋近动机，并且擅长调解道德和利益二者的冲突，整合与追求的目标相一致的信息，并且用相关信息指导自己的行为，以使自己的行为向着动机目标前进（Spielberg et al.，2011）。之前研究表明，日常生活中的执行控制能力的强弱与背外侧前额叶的体积有密切关联。该脑区灰质体积越大，控制能力就越强（Schmidt et al.，2018）。同时，该脑区也会根据当前个体所追求的目标，灵活地调整自己关注和加工的信息（Tusche & Hutcherson，2018）。这些证据也支持了本研究的结果，背外侧前额叶的密度大小与主动性攻击的趋近动机密切相关。密度越大，个体面对利益的诱惑时，越容易产生促进主动性攻击的趋近动机，并且根据该动机编辑相应的信息，以便做出主动性攻击行为。因此，背外侧前额叶可能代表的是主动性攻击的工具性动机和认知调节和控制能力的大脑结构基础。

但是，目前该研究的部分结果也存在与前人研究不一致的地方（Yang et al.，2016）。之前研究采用青少年的样本，发现了特质主动性攻击与背外侧前额叶靠近的区域额中回的皮层厚度和体积呈现负相关关系。该结果的不一致，可能是由于个体的认知和行为相应的神经基础的发展变化的结果（Durston & Casey，2006），不同的年龄阶段的个体的行为神经基础可能是有差异的，该差异同样体现在了行为中，不同年龄的个体在做同一个任务时，也体现出了不同的大脑激活模式（Wenger et al.，2004）。如，在青少年样本中，在做由 Stroop 任务测量的抑制能力时，与顶叶活动有关，而在成年人中，该任务与额叶的活动有关（Blasey et al.，2002）。

其次，和我们的假设一样，特质主动性攻击与后侧扣带的灰质密度呈现显著负相关。该结果支持了我们的预期，即特质主动性攻击的个体差异可能会体现在与道德情绪和认知相关的脑区的结构差异中，如后侧扣带皮层的灰质密度。正如之前的论述一样，道德动机如道德情绪与认知在主动性攻击中发挥着关键作用。而后侧扣带可能在道德动机中起着重要作用，它可能会涉及道德认知、情绪和自我的加工过程。结构影像的证据表明，有共情缺陷的病人（如行为障碍和精神病病人）比健康个体在后侧扣带展示出更小的灰质体积（Hazlett et al.，2005，Calabrese et al.，2008，Jiang et al.，2015）。精神质包含低共情、高冷酷无情的得分与后侧扣带的灰质体积呈现负相关（Ermer et al., 2012）。另外，之前的学者已经发现，后侧扣带的活动与道德议题的敏感性和评价人们对道德两难问题的解决办法的合适性呈现正相关（Greene et al., 2001, Robertson et al., 2007）。与期望好事发生的趋近目标相比，不想坏事发生的回避动机会更强地激活后侧扣带区域（Jackson et al., 2006, Strauman et al., 2012）。个体在体验负性情绪和唤醒负面记忆时，后侧扣带也会被激活（Mayberg et al., 1999, Fourie et al., 2014）。并且，后侧扣带也与影响道德决策的自传体记忆和自我参照加工这两个过程密切相关（Leech and Sharp, 2014, Luber et al., 2010, Maddock et al., 2001, Prehn et al., 2008）。综上所述，后侧扣带可能为特质主动性攻击的道德动机的神经基础，即后侧扣带的灰质密度越小，可能对损害他人利益、给他人造成伤害的行为的道德考量越不敏感，同时也不容易产生内疚、共情等道德情绪，也就越容易产生主动性攻击的行为。

第三，主动性攻击的静息态功能连接基础的结果发现，背外侧前额叶与后侧扣带及顶下的功能连接强度与特质主动性攻击呈现显著负相关。该结果与我们的预期是一致的，即善于降低或解除道德抑制、使主动性攻击合理化的个体，更容易做出主动性攻击。包含伤害他人的行为是典型的道德类事件（Turiel, 2008），而主动性攻击行为正是这种为了自己所追求的目标和所在意的好处而做出对他人造成伤害的行为，属于非道德行为。个体的道德动机系统会抑制为了自身好处而损害或伤害他人的行为产生（Crockett et al., 2017, Anderson & Bushman, 2002）。因此道德系统会抑制主动性攻击意图和行为的产生。而人们的道德推脱方式，如对行为进行合理化、忽略行为的负面结果会增加主动性攻击发生的概率。正如之前所述，背外侧前额叶在工作记忆中（Curtis & D'Esposito, 2003）和注意分配（Mitchell et al., 2005, Araneda et al., 2015）中起着关键作用。而在计算伤害他人所带来的社会损失时，顶叶起着重要作用（Crockett et al., 2017）。背外侧前额叶与顶下的连接可能反映了人们关心他人的倾向（Hu et al., 2017）；另外，后侧扣带和顶下是内疚和共情等道德情绪的重要神经基础（Fourie et al., 2014, Lamm et al., 2011, Wagner et al., 2011）。因此，后侧扣带及顶下与背外侧前额叶的连接程度越小，可能代表了个体越不容易注意到不道德行为给受害者带来的损失、痛苦或负面情绪。

另外,特质主动性攻击与后侧扣带和默认网络的几个脑区的连接强度呈现负相关,这些脑区主要有前扣带延伸至内侧前额叶、楔前叶和顶下。因此我们可以推测,除了这些脑区及这些脑区的连接,默认网络会在特质主动性攻击中起重要作用。之前研究表明,共情、内疚等道德情绪(Bastin et al.,2016,Bernhardt & Singer,2012)、心理理论及道德判断和决策都会涉及到默认网络(Gifuni et al.,2017,Laird et al.,2011,Morey et al.,2012,Smith et al.,2009,Spreng et al.,2009,Reniers et al.,2012)。默认网络内部连接程度越弱,个体的共情水平越低(Kim et al.,2017)。同时默认网络在道德自我中有重要作用,而道德自我来源于道德认同,是指自己认为道德对自己的重要性的认知(Han et al.,2016)。另外我们用neurosynth(http://neurosynth.org)网络平台做了共情、道德、心理理论的神经相关的元分析,并将该结果与本研究的结果进行重叠,发现了该研究中,功能连接结果的脑区如顶下、楔前叶等与道德、共情和心理理论的大脑相关的结果有重合。综上所述,默认网络的脑区及其连接尤其是前扣带皮层、内侧前额叶、后侧扣带皮层、顶下和楔前叶可能为特质主动性攻击个体差异的道德动机的神经关联。

除此之外,我们观察到了特质反应性攻击与颞上回的灰质密度呈现显著的正相关关系。但是功能连接分析并没有发现该脑区与哪个区域的连接可以显著预测特质反应性攻击。该结果也与之前的研究一致,之前研究表明颞上回区域是情绪加工的关键脑区(Allison et al.,2000,Domínguez-Borràs et al.,2009),而情绪加工是反应性攻击的关键成分(Kramer et al.,2007,Dambacher et al.,2015),因此颞上回可能为反应性攻击的神经基础。

(二)研究局限性和未来研究方向

尽管当前研究的结果支持了我们的假设,但是这里仍有一些不足需要注意。首先,由于反应性攻击结果并不显著,我们并没有直接对比主动性攻击和反应性攻击的神经基础的结果。在未来的研究中,应该进一步探究特质反应性攻击的神经基础,并复制当前结果。其次,关于特质反应性攻击和主动性攻击的心理成分的神经关联的推测仍然是有局限的,未来研究可以通过状态主动性攻击或纵向测试的方法来进一步检验特质主动性攻击的神经基础。

（三）结论

该研究采用结构影像数据和静息态功能数据相结合的方法,探究特质主动性攻击和反应性攻击的神经基础。结果发现,特质反应性攻击与颞上回的灰质密度呈现正相关关系。同样,特质主动性攻击的大脑基础也被揭示。其中背外侧前额叶可能为特质主动性攻击的趋近动机、认知调节和行为监控能力的大脑结构基础。后侧扣带皮层的灰质体积、后侧扣带皮层与默认网络其他区域的功能连接,及背外侧前额叶与后侧扣带皮层及顶下的功能连接可能为主动性攻击的趋近动机和道德动机的神经基础。

第二节

低伤害强度下状态主动性攻击的神经基础

第一节的研究揭示了特质主动性攻击的大脑结构和静息态功能连接的关联。特质主动性攻击反映的是在不同的场景中，面对不同的奖励个体做出主动性攻击的可能性，而状态主动性攻击揭示的是主动性攻击的心理过程（Raine et al.，2006，Zhu，He et al.，2022，Zhu，Zhou et al.，2019）。因此特质主动性攻击和状态主动性攻击的神经机制可能是不同的。如，之前的研究表明特质和状态焦虑的大脑相关并不是完全一致的（Etkin & Wager，2007，Tian et al.，2016）。因此探究状态主动性攻击的神经基础是必须的。但是据我们所知，除了夏凌翔教授团队及我们研究团队的研究，目前还没有其他研究来探究该问题。特质主动性攻击的水平反映的是状态主动性攻击在很长的一段时间中发生的频率，特质主动性攻击可能影响状态主动性攻击（Raine & Yang，2006）。相对于低特质主动性攻击的个体，高特质主动性攻击的个体在面对奖励的时候，更倾向于做状态主动性攻击（Zhu et al.，2019）。因此特质主动性攻击和状态主动性攻击既有不同的脑区基础，也会有共同的脑区基础。特质主动性攻击的脑基础在我们探究状态主动性攻击的神经基础时，已经给了我们一些启发。

根据之前主动性攻击的理论和研究结果（Anderson & Bushman，2002，Anderson & Murphy，2003，Blair，1995，Euler et al.，2017，FeldmanHall et al.，2015，Zhu，Wang et al.，2018，Zhu，Zhou et al.，2019），状态主动性攻击主要涉及四个心理过程，即工具性动机、道德抑制动机、道德许可动机及动机的冲突和控制。首先，主动性攻击会被工具性动机所驱使。因此与工具性动机相关的脑区应该在个体为了奖励做攻击行为选择的时候被显著的激活。奖赏预期是主动性攻击的工具性动机的主要的认知元素（Anderson & Murphy，2003，Arsenio et al.，2004，Crick & Dodge，1996，Smithmyer et al.，2000）。之前研究表明包括伏隔核、壳核和尾状核在内的纹状体区域（Lorenz et al.，2014，Pfabigan et al.，2014，Stark et al.，2011）和包含内侧前额叶（MPFC）、眶额叶（OFC）在内的前额叶皮层（Schoenbaum，2009，Sege et al.，2017）皆在物质和社会结果的奖励预期中起着重要作用。并且左侧背外侧前额叶（DLPFC）、眶额叶（OFC）、壳核和尾状核在趋近动机中也有重要作用（Miller et al.，2014，Spielberg et al.，2011）。总之，包含背外侧前额叶、内侧前额叶、眶额叶、壳核和尾状核的这些大脑区域可能在主动性攻击的工具性动机中有重要作用。

其次，包含道德抑制和道德许可的道德动机，也是主动性攻击的主要动机（Anderson & Bushman，2002，Bandura，2002，Bandura et al.，1996，Crockett et al.，2017，Tangney et al.，2007）。道德抑制动机是指抑制为了自己利益伤害他人的一种回避动机（Crockett et al.，2017，Tangney et al.，2007）。道德许可动机是指降低、缓解或回避预期的或真实的由伤害行为带来的道德抑制或谴责，从而在道德决策时，使人们能够用一定的心理策略促进攻击执行的趋近动机（Crockett et al.，2017，Hardy et al.，2015，Jiang et al.，2015，Zhu，Wang et al.，2019，Zhu，He et al.，2022，Gao et al.，2020）。内侧前额叶、背外侧前额叶、前扣带皮层、颞顶联合区、额下回、脑岛、杏仁核和楔前叶可能在主动性攻击的包含共情、内疚、心理理论和道德决策的道德动机中起着重要作用（Han，2020，Raine，2019，Raine & Yang，2006）。例如，反社会的道德神经理论认为与道德决策相关的脑区，如前额叶皮层、杏仁核、脑岛、前扣带和颞叶皮层等可能是暴力行为，包括主动性攻击的反社会行为和精神病态行为的神经基础（Han，2020，Raine，2019，Raine & Yang，2006）。元分析的结果展示，内侧前额叶、楔前叶、颞顶联合区、外侧眶额叶和杏仁核与道德认识和情绪密切相关（Bzdok et al.，2012，Eres et al.，2018）。

第三，包含工具性动机和道德许可动机这些趋近动机与道德抑制动机的道德冲突与冲突的控制和调节过程也是主动性攻击产生的主要动机。因此参与心理冲突和冲突解决、监控和调节的这些冲突和控制的脑区应该也是状态主动性攻击的关键脑区。之前研究表明,前扣带、背外侧前额叶、额下等是认知控制系统的关键脑区(MacDonald et al.,2000,Polosan et al.,2011,Zurawska Vel Grajewska et al.,2011),在冲突加工中起着重要作用。影像研究表明,这些大脑区域在冲突解决(Bunge et al.,2002,Wittfoth et al.,2009)、冲突监控(Botvinick et al.,1999,Botvinick et al.,2001)、反应抑制(Kireev et al.,2013,Padmala & Pessoa,2010)和认知和情绪重评和调解(Kohn et al.,2014,Opialla et al.,2015)中也起着重要作用。并且,颞顶联合区也被证明会涉及道德价值和物质价值的冲突和权衡(Obeso et al.,2018)。这些结果表明,前扣带、额下回、颞顶联合区和背外侧前额叶可能是主动性攻击的冲突和控制的相关脑区。背外侧前额叶、内侧前额叶、前扣带、颞顶联合区、额下回、壳核、尾状核是和主动性攻击的两个或者更多重要的心理因素相关。相较于仅涉及一个心理过程的脑区,这些脑区看起来涉及了主动性攻击的多个心理过程,看起来更可能会在个体进行主动性攻击选择的时候被激活,也相对更加重要。

接下来几个研究(第二节至第四节)的主要目的,是探究用前面我们开发的在特定奖励下测量状态主动性攻击的奖赏−干扰范式探究状态主动性攻击的大脑基础。奖赏−干扰范式告诉被试要与另一名实验参加者一起参加一个简单的听觉反应时任务。在每一个试次中,获胜可以获得游戏奖励,在最后,被试获得奖励的平均值被支付给被试作为了游戏的奖励。当奖励和攻击选择被呈现在屏幕上,被试需要决定是否要用噪音干扰对手的表现,以增加赢得金钱的概率。因此在该屏被试可以完成主动性攻击的整个过程。这个过程被试会加工攻击线索,包含奖赏和攻击选择,从而产生三种动机即工具性动机、道德抑制动机和道德许可动机,并通过调整和控制这些动机冲突做出是否干扰对手的决定。被试可以做出攻击选择或者不攻击选择。之前的文献(Anderson & Bushman,2002,Anderson & Murphy,2003,Blair,1995,Euler et al.,2017,FeldmanHall et al.,2015,Jiang et al.,2015,Zhu, Wang et al.,2019,Zhu, He et al.,2022)展示,在奖赏−干扰范式中的攻击和不攻击两个选择涉及的心理过程是类似的。换句话说,在奖赏−干扰任务中的不攻击选择也依赖于主动性攻击的四个主要的心理过程的复杂交互作用。因此，我们推测背外侧前额叶、内侧前额叶、前扣带、和额下回等脑区应该在攻击选择和非攻击选择中应该都会被激活。在奖赏–干扰范式中，攻击选择和不攻击选择的主要差别主要依赖于这四个心理过程的强度，及这四个心理过程对决策的影响。攻击决策会增加道德抑制和道德许可的动机冲突，道德抑制和道德许可的强度。而不攻击选择，道德许可动机的强度、道德抑制和道德许可的动机冲突会降低，并且道德抑制也会随着不攻击选择的决定而降低。换而言之，当道德许可被促进，道德许可和工具性动机的强度超过了道德抑制，个体就会选择攻击行为。相反，当道德抑制的强度超过了工具性动机和道德许可动机的强度，他们就会做不攻击选择。因此攻击选择和不攻击选择可能会有一些各自独特的脑区和心理过程。在状态主动性攻击中，当人们决定为了自己利益去攻击他人的时候，相较于做不攻击选择，与道德许可动机和冲突抑制多个心理过程相关的脑区，如内侧前额叶、前扣带、额下回和背外侧前额叶可能激活更强。

一、研究方法

（一）被试

本研究我们招募了 38 名健康的右利手大学生被试，所有被试精神健康，没有神经损伤。我们通过询问被试两个问题来确认被试无以上经历。询问被试是否有头部损伤和心理疾病史。所有被试都报告没有以上经历。其中一位被试由于怀疑自己的游戏搭档是计算机，被排除进一步的分析。最后 37 名被试被用于后面的分析。

（二）测试工具

1. 奖赏–干扰范式

所有被试均完成了触发和测试主动性攻击的奖赏–干扰范式（Zhu, He et al., 2022）。实验者告诉被试他们需要和另一名被试一起完成一个简单的听觉竞争反应时任务。在每一个试次中，获胜者可以获得一定金额的奖励。被试最后赢得的金钱的平均数会被作为游戏的奖励支付给被试。在该任务中有两个角色，角色 A 或角色 B。

所有被试都会被分配为角色 A, 实验助手被分配为角色 B。每一次, 角色 A 和角色 B 皆为同性别的被试。两个角色的规则不同。角色 A 可以选择是否要用 90 分贝的噪音干扰对手的信号音, 这会降低或者干扰对手的表现, 从而增加了自己赢得金钱的概率。但是角色 B 不能选择噪音干扰角色 A, 这就消除了对角色 A 的激惹因素。

为了保证实验情境的真实性, 让被试感受到真实的社会交互, 我们采用了以下方法。

被试和被试的虚拟对手会在核磁外的实验室相见, 并且一起倾听实验前的指导语和注意事项。实验助手在被试进入扫描室后, 实验助手作为角色 B 一直待在扫描仪器外, 并完成提前准备好的角色 B 任务, 直到角色 A 完成实验。第二, 实验者检查了两个游戏玩家, 确认他 / 她们是否已经准备好, 准备好后实验者会让他 / 她们按 Q 键通过联网一起开始实验。被试会通过一个呈现 127000 毫米的链接界面, 让被试体验到和对手的链接。第三, 在每一个试次中, 如果反应时慢于对手的反应时, 被试就会输掉比赛。并且如果它们的反应时短于 200 毫秒或者长于 800 毫秒, 被试皆会输掉本回合的比赛。这个操作可以让被试感觉到对手的真实存在。在实验最后, 实验者会让被试评价对手。如果被试认为他们的对手是计算机, 而不是真实的人的话, 她 / 他们就会被排除在后面的分析中。

2. 实验细节

被试完成了三轮比赛, 每一轮比赛都包含了 20 个实验试次和 5 个填充试次 (如图 5.2.1)。每一个实验试次均以 300 毫秒的注视点开始。被试需要在 6 秒内作出决策, 决定是否要选择噪音干扰对手的信号音。被试可以通过按相应的数字键来选择。如果干扰键在左边, 被试想要选择干扰就按数字 1 键; 如果干扰键在右边, 被试想要选择干扰就按数字键 3。干扰或不干扰被随机平衡右边。如果被试在 6 秒之内不做任何选择, 这个试次就被认为被试没做任何选择。干扰选择被认为是攻击选择, 不干扰选择被认为是不攻击选择。做了决策后, 被试会看到一个黑屏, 黑屏呈现的时间为 1700 毫秒、3700 毫秒或 5700 毫秒, 这些时间随机呈现。接下来, 被试看到一个白灯, 并听到一个声音信号。当被试听到"滴"的信号后, 被试需要在2秒内尽快按键。如果被试赢了,白灯就会变成绿色;如果被试输了,白灯就会变成红色。最后,被试会看到2秒的反馈屏,通过反馈屏,被试可以看到本试次获得的金钱。被试失败和获胜的概率皆为提前设置好的。当被试选择不干扰的时候,被试会有百分之五十的获胜率;当被试选择噪音干扰时,被试获胜的概率为百分之七十。

填充试次的程序与实验试次的程序除了干扰屏和获胜和失败的概率不同,其他设置皆保持一致。填充试次的选择屏中,被试有6秒的时间通过按特定的按键,选择红色的字体,"左键"或者"右键",被试被告知,这个红色字体的设定是由计算机随机分配的,每个试次被标记的字是不一样的。并且这个选择不会对对手造成任何的伤害。但是,被试被告知,如果被试按错键,即使他们获胜了,他们也不能获得本试次的奖励。被试选择的被标记的字的试次,获胜概率为百分之五十。填充试次被用作基线条件。这个设置也可以让被试降低习惯性地按固定按键的可能性。状态性主动性攻击的得分通过计算在整个实验试次中,被试选择干扰的次数来获得。

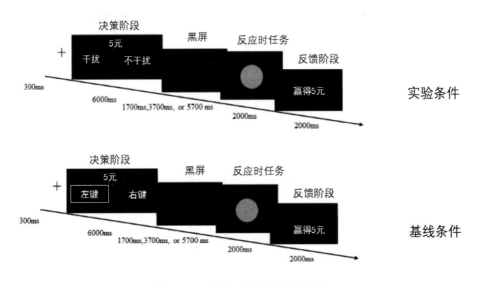

图 5.2.1　奖赏-干扰范式流程图

（三）数据收集

采用 3.0 特斯拉的 12 个线圈的西门子核磁共振扫描仪收集了每个被试的 534 个血氧动力学的影像数据。这些数据通过三轮获得。在数据采集时采用 T2 加权回波成像序列。成像序列的参数设置如下：回波时间（echo time）被设置为 30 毫秒，重复时间（repetition time）被设置为 2000 毫秒，翻转角（flip angle）被设置为 90°，层数（slices）被设置为 32 层，视野矩阵（field of view）被设置为 220×220 平方毫米，层间距为 1 毫米，层厚（slice thickness）被设置为 3 毫米，采集矩阵为 96×96；体素大小（voxel size）被设置为 3.4×3.4×4 立方毫米。

（四）核磁数据预处理

我们用基于 MATLAB 的静息态数据的数据处理助手 DPARBI 插件来做影像数据的预处理。首先前十个时间点的图像被删除，以维持图像的稳定性。用时间层校正做了时间层效应校正。为了矫正头动伪影，我们做了头动校正。头动参数过大的被试，即平动或转动超过 3 度的被试被排除。然后每个被试的影像都被空间标准化到 MNI 模板，并将图像重采样为 3×3×3 立方毫米的大小。最后数据被用 6 毫米的平滑核进行了高斯平滑。

（五）数据分析

1. 行为数据分析

SPSS22.0 被用于做描述统计。同时逻辑回归被用于计算之前试次的输赢对攻击选择或不攻击选择的影响。同时我们做了配对样本 T 检验，检查每一轮的攻击选择和不攻击选择的次数是否存在差异。

2. 影像数据分析

在个体水平上，我们集中在体素激活的情况下，分别做了攻击选择、不攻击选择及攻击不攻击选择激活差异的三个一般线性模型。在每一轮实验中，如果被试做以上两个选择的次数少于三次，或者在三轮中被试选择某一个选择的次数小于 10 次，则该被试就被排除进一步的分析中。第一个一般线性模型在 27 名被试中进行建立，被用来探究不攻击选择的体素激活方式。在该模型中，我们建构了空屏条件,即干扰选择和竞争反应时任务中间的休息屏;不攻击选择的条件和基线条件,即在填充试次中特定选择的条件。第二个一般线性模型在38名被试中被建立,用来探究攻击选择激活的体素情况。在该模型中,空屏条件、攻击选择条件和基线条件。第三个一般线性模型在27名被试中,被用来探究攻击选择和不攻击选择的激活差异。在该模型中,空屏条件、攻击选择条件、不攻击选择条件和基线条件。六个头动参数被添加到模型中作为协变量回归。在每一个实验试次的开始的时间点,典型的血样动力学函数被卷积。一般线性模型被用来计算攻击选择与基线、不攻击选择与基线、干扰选择与不干扰选择的图像比对。

在组水平上,我们采用单样本 T 检验的方法检验攻击选择、不攻击选择激活脑区的情况。用基于错误率检出的 FDR 校正(体素水平阈值被设置为 0.001,体素水平阈值被设置为 0.05)对结果进行显著性检验。为了探究攻击选择和不攻击选择共同激活的脑区,我们用在体素水平未校正 $p < 0.001$,团块水平,$p < 0.05$ 下攻击选择和不攻击选择激活的大脑图像做了一个重叠分析。为了检验攻击不攻击选择的重合脑区,是否有相似的神经表征,我们对在组水平上,攻击选择和不攻击选择每一个重合的区域做了表征相似性分析。对于每一个感兴趣的区域,我们提取了二阶分析时图像对比后的两个参数值向量,然后计算 Pearson 相关系数作为神经表征相似性的估计。1000 次的置换检验被用来检验显著性。每次,我们随机打乱体素的空间分布,然后计算攻击性和非攻击性选择的特定脑区之间的 Pearson 相关系数,以获得相关系数的零分布。基于零分布,我们估计了表征相似性分析的实际结果的显著性。

3. 生理心理交互分析

主动性攻击的动机理论认为攻击选择和不攻击选择均包含了道德许可动机、道德抑制动机和工具性动机间的相互作用,同样在脑区水平上,是由多个脑区共同作用的结果。那么在这个过程中,相应的脑区是如何相互作用的呢。为了探究这一问题,我们接着做了多脑区生理心理交互分析(multi-regional PPI),来探究在攻击选择和不攻击选择中多个脑区是如何相互作用的。之前的研究表明该方法是有效的探究某种条件下不同脑区之间功能连接的方法（Cocchi et al., 2014）。在本研究中，我们采用该方法来探究不同的条件是如何调节每个脑区与另外的脑区间的连接的。传统的生理心理交互分析是用来计算某个脑区与全脑其他体素间的连接，但是多脑区生理心理交互与传统的生理心理交互分析不同，该方法是简单、概化的生理心理交互分析的方法，它是用来评价特定脑区与其他特定脑区之间的连接是如何被不同的条件调节的。本研究中，我们选择相应的激活脑区作为感兴趣区，定义为多个脑区，并且计算每个脑区与其他脑区之间的连接。

选取不攻击选择和攻击选择共同激活的脑区的峰值点作为原点，做 3 毫米的小球，将这些小球作为种子点。在每个被试的攻击选择、不攻击选择、注视点和中性条件下，将这些种子点代表大脑激活的特征值提取出来。每个种子点的生理心理交互的信号值通过计算大脑激活值与不同条件下的回归量的元素的乘积来获得。在计算乘积之前，每个被选定的激活区域相应的血样动力学函数皆被去卷积。一般线型模型被用来对不攻击选择、攻击选择、中性条件是如何影响特定脑区对另一脑区的影响的计算。该模型中，因变量为被选定区域影响的脑区，自变量即解释变量为被选定的脑区，是指施加影响的脑区，也被称为源脑区或输出脑区。这样生理心理交互的信号所在的区域就是它的活动的很好的预测因子，这意味着该区域在不同的条件下，对另一个区域的影响是不同的。多脑区的生理心理交互分析和传统的生理心理交互分析一样，攻击条件和不攻击条件、不攻击条件、中性条件、注视点条件分别被用来探测目标脑区与其他脑区的连接，而不关注的条件则被作为协变量。以此来减少由不同任务的同时输入而增加的关系。如此每个被试每种条件下皆产生了 16 × 16 的连接矩阵。连接矩阵的每个元素（i, j）存储了相应 ppi 项的参数估计（β），并量化了条件依赖的区域 i 对区域 j 施加的影响。连接矩阵的相关值 r 被费舍尔 z 转换成了 z 值。该研究关注不攻击选择和攻击选择条件下的连接矩阵的差异，因此我们将这两个条件下的连接矩阵进行对比，并用 FDR 的方法对得到的结果进行多重比较矫正（Friston, 2011）。

二、数据结果

（一）行为结果

攻击选择的平均次数为 39.92 次, 标准差为 12.68 次。所有被试至少做了十五次的攻击选择。十一个被试攻击的选择率超过了 80%。在后面做不攻击选择的大脑体素的激活分析, 及攻击和不攻击的差异激活分析中, 这些被试被排除在外。之前实验试次中的失败或获胜并没有显著的影响当前试次的攻击选择和不攻击选择（$\beta = 0.142, SE = 0.084, p = 0.093$）。每轮间的攻击选择的次数也没有显著差异。第一轮的攻击次数的平均数为 12.53, 标准差为 5.02; 第二轮的攻击次数的平均数为 13.03, 标准差为 5.03; 第一轮和第二轮攻击选择的次数上没有显著差异（$t = -0.894, p = 0.377$）。第三轮的攻击次数的平均数为 12.92, 标准差为 5.00。第二轮和第三轮攻击选择的次数上没有显著差异（$t = 0.193, p = 0.848$）。第一轮和第三轮攻击选择的次数上亦没有显著差异（$t = -0.570, p = 0.572$）。

（二）功能磁共振影像数据结果

1. 攻击选择与基线的对比

为了探究主动性攻击的大脑激活模式, 我们对比了在奖赏−干扰范式中, 相比于基线, 攻击选择激活的脑区。与基线相比, 攻击选择激活了前扣带皮层、内侧前额叶皮层、额上回、眶额叶、额下回、中扣带、中央前回、颞下回、脑岛、楔前叶、辅助运动区、壳核、颞顶联合区、海马、杏仁核、和齿状回（见表 5.2.1）。与攻击选择相比, 基线条件显著激活了顶上回和背外侧前额叶（见表 5.2.2, 图 5.2.2a）。我们发现了一些激活的团块包含了不同的大脑区域, 为了更好地理解这些结果, 我们用 ALL−90 模版对应的区域与本结果的团块做重合分析, 将不同的区域从同一个团块中分离出来。表 5.2.1 呈现了不同区域分割出来后的结果。

2. 不攻击选择与基线的对比

为了探究认为抵制住金钱诱惑, 不做伤害他人的行为, 即不攻击行为时的大脑激活模式, 我们对比了不攻击选择和基线的大脑激活水平。结果发现, 不攻击选择相比于基线水平,显著激活了前扣带皮层、眶额叶皮层、内侧前额叶皮层、颞下回、中央前回、额上回、额下回和齿状回(见图 5.2.2b 和表 5.2.3)。相比于不攻击选择,基线条件没有显著的激活的脑区。

3. 攻击选择与不攻击选择的对比

相比于不攻击选择相比,攻击没有显著激活的脑区;同时相比于攻击选择,不攻击选择亦没有显著激活的脑区。

4. 表证相似性和重合分析

为了探究由攻击选择和不攻击选择共同激活的脑区,我们做了攻击选择与基线对比激活的脑区和不攻击选择与基线相比激活的脑区的重合区域的分析。结果表明,攻击选择和不攻击选择共同激活的脑区包括了前扣带皮层、额下回、中扣带皮层、尾状核、顶下回、脑岛、额中回一直延伸至中央前回、楔前叶、颞上回、双侧颞中回、内侧前额叶、齿状回和颞下等(见图 5.2.2c 和表 5.2.4)。表证相似性的分析表明,这些脑区在攻击条件和不攻击条件下的相似性是显著的(见表 5.2.4)。

表 5.2.1 相较于基线条件,攻击选择激活的脑区

激活区域	峰值点坐标 coordinates			团块大小 size	T 值
	x	y	z		
内侧前额叶	−9	57	21	1117	8.00
前扣带	−6	48	6	727	7.12
中扣带	−3	27	33	452	6.65
左侧额下回	−39	24	−18	80	4.99
左侧额上回	−21	48	33	644	7.90
右侧额上回	18	54	33	486	7.65
辅助运动区	0	−15	48	223	5.46
左侧辅助运动区	−3	18	69	158	6.93

续表

激活区域	峰值点坐标 coordinates			团块大小 size	T 值
	x	y	z		
右侧中央前回	33	−21	54	949	7.46
左侧颞上回	−42	−27	6	67	4.58
左侧颞极	−48	3	−39	470	5.55
右侧颞下	51	6	−36	222	6.08
右侧尾状核	18	24	3	198	5.39
左侧尾状核	−18	21	6	100	5.09
左侧海马旁回	−24	3	−18	70	5.08
右侧海马旁回	27	3	−18	124	5.05
左侧脑岛	−36	6	−9	32	4.36
右侧脑岛	33	−24	18	80	5.61
内侧眶额叶	3	45	−3	83	5.11
左侧舍会	−12	−84	−6	1026	7.78
左侧颞上回	−42	−27	6	138	4.58
左侧颞顶联合区	−51	−72	39	97	4.30
右侧颞顶联合区	57	−60	33	178	5.17

表 5.2.2　相较于干扰选择，基线条件激活的脑区

激活区域	峰值点坐标			团块大小	T 值
	x	y	z		
左侧枕下回	−36	−81	−9	495	5.48
右侧枕下回	39	−78	−9	141	5.19

续表

激活区域	峰值点坐标			团块大小	T 值
	x	y	z		
左侧顶上	−18	−75	48	870	7.32
右侧顶上	33	−45	45	402	4.89
左侧背外侧前额叶	−51	33	224	281	5.34

注意:FDR 矫正被用来做多重比较矫正（体素水平阈值为 $p < 0.001$,团块水平 $p < 0.05$）。

表 5.2.3　相较于基线条件,不干扰选择激活的脑区

激活区域	峰值点坐标			团块大小	T 值
	x	y	z		
内侧前额叶	−9	27	8.36	878	8.18
前扣带	−6	27	30	440	7.49
中扣带	0	−12	33	155	5.71
左侧中扣带	−6	24	36	213	7.85
左侧额上回	−21	48	33	424	7.56
右侧额上回	21	45	33	741	9.27
右侧额下回	48	30	−12	89	5.31
左侧额下回	−39	21	−12	109	5.38
右侧中央前回	30	−21	48	755	5.89
辅助运动区	0	21	45	162	5.02
左侧辅助运动区	−3	−3	78	104	5.05
左侧壳核 / 尾状核	−18	15	0	109	4.69
右侧壳核 / 尾状核	15	6	−3	118	4.83

续表

激活区域	峰值点坐标			团块大小	T 值
	x	y	z		
左侧脑岛	−39	18	−6	44	4.73
左侧缘上回	−63	−60	27	36	4.76
右侧颞顶联合区	54	−51	36	492	6.25
右侧颞下回	57	−27	−30	126	5.96
左侧齿状回	−9	−90	−3	1647	8.58
左侧脑室 1	−33	−78	−33	129	5.31

注:FDR 矫正被用来做多重比较矫正（体素水平阈值为 $p < 0.001$,团块水平 $p < 0.05$）。

表 5.2.4　干扰选择和不干扰选择共同激活脑区的表征相似性

激活区域	团块大小 size	表征相似性	
		r	p
干扰选择不干扰选择			
内侧前额叶	1046	0.91	< 0.001
前扣带	607	0.82	< 0.001
左侧上回	517	0.90	< 0.001
右侧上回	554	0.94	< 0.001
左侧额下回	132	0.84	< 0.001
右侧额下回	107	0.79	< 0.001
辅助运动区	154	0.84	< 0.001
辅助运动区	223	0.95	< 0.001
感觉运动区	843	0.89	< 0.001

续表

激活区域	团块大小 size	表征相似性	
		r	p
左侧颞顶联合区	129	0.90	< 0.001
右侧颞顶联合区	242	0.80	< 0.001
右侧脑岛	171		< 0.001
左侧尾状核	93	0.75	< 0.001
左侧壳核	20	0.80	< 0.001
右侧尾状核	169	0.76	< 0.001
左侧颞上回	48	0.70	< 0.001
左侧颞下回	260	0.92	< 0.001
右侧颞下回	205	0.60	< 0.001
右侧颞中回	20	0.74	< 0.001
楔前叶	24	0.87	< 0.001
左侧海马旁回	40	0.75	< 0.001
舌回	1499	0.94	< 0.001

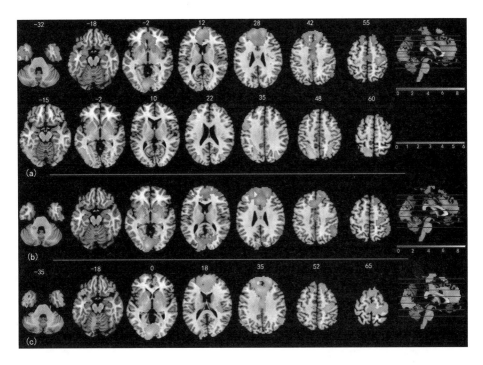

图 5.2.2   主动性攻击的大脑激活图。(a) 相对于基线,攻击选择的大脑激活图。(b) 相对于基线,不攻击选择的大脑激活图。(c) 不攻击选择和攻击选择的大脑共同的激活图。

5.生理心理交互分析结果

为了检验不同条件下,特定脑区对其他脑区的影响是否会因条件的不同而不同,我们做了多脑的生理心理交互分析。结果表明,攻击与不攻击选择下、不攻击条件和中性条件、攻击条件和中性条件下均没有得到过矫正的显著有差异的连接。而在未矫正,阈限为 0.05 的水平下,内侧前额叶与右侧颞顶联合区及齿状回的连接、左侧腹外侧前额叶与缘上回及齿状回的连接、右侧腹外侧前额叶与齿状回的连接、右侧颞极与齿状回的连接、右侧颞顶联合区与右侧眶额叶的连接、左侧颞极与右侧眶额叶的连接、缘上回与右侧眶额叶的连接会因不攻击选择和中性条件的不同而不同。在不攻击条件下,以上的连接会更强。同样,左侧眶额叶与前扣带的连接在两种条件下也有差异,其在不攻击条件下更弱(见图 5.2.3)。

　　右侧颞顶联合区与左侧颞极的连接、右侧颞极与右侧颞顶联合区、缘上回、右侧眶额叶的连接、左侧颞极与左侧颞顶联合区及右侧眶额的连接、颞下与右侧眶额的连接依赖于攻击条件和中性条件的不同而不同,以上连接均在攻击条件下连接更弱（见图 5.2.4）。未发现这些连接在攻击选择、不攻击选择条件下有显著的差异。

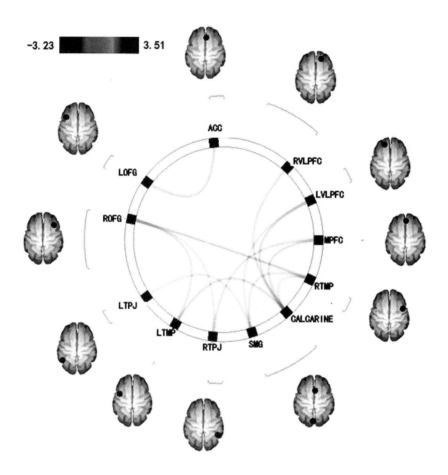

图 5.2.3　不攻击条件与中性条件下多脑生理心理交互的结果

注:L 为左侧,R 为右侧,TMP 代表颞极,MPFC 代表内侧前额叶,TPJ 代表颞顶联合区,VLPFC 代表腹外侧前额叶,SMG 缘上回,OFG 代表眶额叶,ACC 为前扣带。

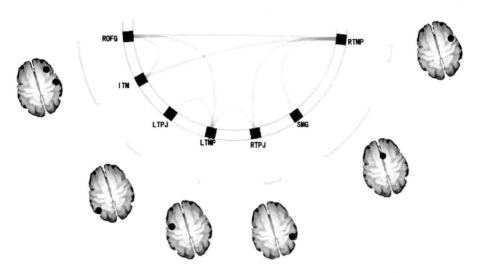

图 5.2.4　攻击与中性条件相比功能连接的结果

注:L 为左侧,R 为右侧,ITM 代表颞下,OFG 代表眶额叶,TMP 代表颞极,TPJ 代表颞顶联合区,SMG 缘上回。

三、讨论

当前研究发现,相比于基线条件,攻击选择和不攻击选择共同激活的脑区主要包括了前扣带皮层、额下皮层、颞顶联合区、内侧前额叶、中央前回、壳核、双侧颞中回、中扣带皮层、楔前叶、颞上回、舌回、和颞下回。这些结果部分支持了我们的假设,这些脑区应该是状态主动性攻击的神经基础,攻击选择和不攻击选择会激活相同的脑区。这也表明,攻击选择和不攻击选择的基础的心理过程有一定的相似之处。我们推测由攻击选择和不攻击选择共同激活的脑区应该是主动性攻击的基础脑区。

本研究是国内外最早对状态主动性攻击的神经基础进行探究的项目。为了检验该结果的稳定性和可重复性,我们做了新的研究,该研究我们会在第三节内容当中进行讲解。我们根据主动性攻击的四个基本心理过程来假设它的大脑基础。但是在该研究中,我们没有直接检验状态主动性攻击的大脑激活情况与主动性攻击的四个心理因素,即工具性动机、道德抑制动机、道德推脱动机、道德动机间的冲突和控制之间的关系。因此,我们在下一个研究中探究这些关系。

与预期不同的是,在奖赏−干扰任务中,我们没有发现攻击选择和不攻击选择的大脑激活有显著的差异,这与我们的假设即攻击选择会比不攻击选择激活更强的道德相关的脑区不符合。这可能是由于在该实验中,用于干扰对手的噪音是中等水平的噪音。因此,由攻击选择引起的道德抑制和道德许可动机间的道德冲突可能是中等强度的,道德推脱也是弱的或中等强度的。攻击选择和不攻击选择的心理过程的差别,尤其是道德过程可能是不显著的,这也就意味着攻击选择和不攻击选择的脑区激活的差异是小的或很难探测得到。我们认为,如果增加在主动性攻击任务中的噪音的强度,当人们做攻击选择时,相对于不攻击选择,道德抑制和道德许可动机之间的道德冲突、道德许可动机和冲突控制将会更强。攻击选择和不攻击选择的大脑激活差异应该可以被检测到,并且应该位于以上心理过程相关的脑区。为了检验该假设,我们在第三节中增加了噪音的强度,做了新的研究。

中等偏上伤害强度下状态主动性攻击选择的神经基础

一、研究目的和假设

进一步检验主动性攻击的神经基础,攻击选择和不攻击选择都会激活道德相关的脑区,如内侧前额叶、楔前叶、顶下回、奖赏相关的脑区,如眶额叶、壳核等,及冲突监控和调节的脑区,如额下回、前扣带和背外侧前额叶等。同时在以上脑区中,攻击选择会比不攻击选择激活更强。

二、研究方法

（一）被试和程序

40个健康的右利手被试参加了该实验。所有被试都没有精神和神经类疾病,视力和矫正视力正常。其中有两个被试因为头动过大,即平动或转动超过了3毫米,被排除在进一步分析之外。最终,一共38名被试被保留,其中17名男生,平均年龄为19.24,标准差为1.32。所有被试都在扫描仪中完成了奖赏-干扰范式。由于被试在任务中,选择攻击选择和不攻击选择的次数是不同的,因此在进行攻击选择的激活脑区与不攻击选择的激活脑区的分析时,用到的被试数量有所差异。在每一轮中,如果攻击选择或不攻击选择的次数少于三次,在相应的分析中就会被排除。

（二）实验材料和流程

1.实验流程

被试被告知,待会儿会和另一名同学一起做一个简单的声音反应时任务。在该任务中,他们的主要任务就是听到"滴"的信号音后,尽快按 1 键,按键速度快的被试获胜。在该任务中,会有两个不同的角色,角色 A 和 B。所有被试都会被分配为角色 A,实验助手被分配为角色 B。每一次,角色 A 和角色 B 皆为同性别。两个角色的规则不同。角色 A 可以选择是否要用 100 分贝的噪音干扰对手的信号音,这就会降低或者干扰对手的表现,从而增加了自己赢得金钱的概率。但是角色 B 不能选择噪音干扰角色 A,这就消除了对角色 A 的激惹因素。

为了保证实验情境的真实性,让被试感受到真实的社会交互,我们采用了一下方法:第一,被试和被试的虚拟对手会在核磁外的实验室相见,并且一起倾听实验前的指导语和注意事项。实验助手在被试进入扫描室后,实验助手作为角色 B 一直待在扫描仪器外,并完成提前准备好的角色 B 任务,直到角色 A 完成实验。第二,实验者检查了两个游戏玩家,确认他们是否已经准备好,准备好后实验者会让他们按 Q 键通过联网一起开始实验。被试会通过一个呈现 127000 毫米的链接界面,让被试体验到和对手的链接。第三,在每一个试次中,如果反应时慢于对手的反应时,被试就会输掉比赛。并且如果它们的反应时短于 200 毫秒或者长于 800 毫秒,被试皆会输掉本回合的比赛。这个操作可以让被试感觉到对手的真实存在。在实验最后,实验者会让被试评价对手。如果被试认为他们的对手是计算机,而不是真实的人的话,她 / 他们就会被排除在后面的分析中。

2. 实验细节

具体操作基本与第二节的实验一致,本研究我们修改了以下操作:第一,我们增加了噪音的强度,由原来的 90 分贝增加到 100 分贝。第二,为了保证在高强度的噪音下攻击选择仍有充足的次数,获胜的概率在不做攻击选择的时候被调至 30%,选择干扰时,获胜的概率被调整至 90%。第三,为了平衡攻击选择、不攻击选择和基线条件的试次数,我们将每一轮的试次数调整至 18 个实验试次,7 个填充试次。第四,为了减少当前试次对下一个试次的影响,每一个试次开始前都会呈现一个 4.5—7.5 秒的随机时长的注视点。做了攻击不攻击的决策后,被试又会看一个 2—8 秒随机时长的黑屏。

被试完成了三轮比赛,每一轮比赛都包含了 18 个实验试次和 7 个填充试次
(如图 5.3.1)。每一个实验试次均以 4.5—7.5 秒的注视点开始。被试需要在 4 秒
内作出决策,决定是否要选择噪音干扰对手的信号音。被试可以通过按相应的数
字键来选择。如果干扰键在左边,被试想要选择干扰就按数字 1 键;如果干扰键
在右边,被试想要选择干扰就按数字键 3。干扰或不干扰被随机平衡放在左边或
者右边。如果被试在 4 秒之内不做任何选择,这个试次就被认为被试没有进行选
择。干扰选择被认为是攻击选择,不干扰选择被认为是不攻击选择。做了决策后,
被试看到了一个黑屏,黑屏呈现的时间为 2000—8000 毫秒,这些时间随机呈现。
接下来,被试看到一个白灯,并听到一个声音信号。当被试听到"滴"的信号后,
被试需要在 2 秒内尽快按键。如果被试赢了,白灯就会变成绿色;如果被试输了,
白灯就会变成红色。最后,被试会看到 2 秒的反馈屏,通过反馈屏被试可以看到本
试次获得的金钱。被试失败和获胜的概率皆为提前设置好的。当被试选择不干扰
的时候,被试会有百分之 30 的获胜率;当被试选择噪音干扰时,被试获胜的概率
为百分之 90。

填充试次的程序与实验试次的程序除了干扰屏及获胜和失败的概率不同,其
他设置皆保持一致。填充试次的选择屏中,被试有 4 秒的时间通过按特定的按键,
计算机随机指定被试选择"干扰"或者"不干扰"。这个选择不会对对手造成任何
的伤害。但是,被试被告知,如果被试按错键,即使他们获胜了,他们也不能获得本
试次的奖励。被试选择的被标记的字体的试次,获胜概率为百分之五十。填充试次
被用作基线条件。这个设置也可以让被试降低习惯性地按固定按键的可能性。状
态性主动性攻击的得分通过计算在整个实验试次中,被试选择干扰的次数来获得。

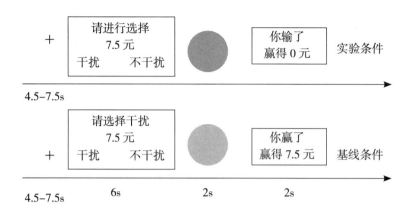

图 5.3.1　奖赏-干扰范式流程图

3. 干扰／不干扰动机问卷

该问卷用于检验奖赏-干扰任务的效度（Zhu, Wang et al., 2019）。包含了工具性动机（如，我干扰对手的原因是我想获得奖励）、道德抑制动机（如，当我用角色 A 的特权干扰 B 的时候我会感到不安）、道德许可动机（如，从长远角度看，角色 B 同学一定会得到补偿）三个子维度。这些子维度分别有 5、4、5 个题目。他们被用于测量主动性攻击的动机。被试被要求在相应的题目中作出反应。该问卷是六级量表，"1" 为完全不符合，"6" 为完全符合。

（三）数据收集

采用 3.0 特斯拉的 12 个线圈的西门子核磁共振扫描仪每个被试收集了 534 个血氧动力学的影像数据。这些数据通过三轮获得。在数据采集时采用 T2 加权回波成像序列。成像序列的参数设置如下：回波时间（echo time）被设置为 30 毫秒，重复时间（repetition time）被设置为 2000 毫秒，翻转角（flip angle）被设置为 90°，层数（slices）被设置为 32 层，视野矩阵（field of view ）被设置为 220×220 平方毫米，层间距为 1 毫米，层厚（slice thickness）被设置为 3 毫米，采集矩阵为 96×96；体素大小（voxel size）被设置为 3.4×3.4×4 立方毫米。

（四）核磁数据预分析

我们用基于 MATLAB 的静息态数据的数据处理助手 DPARBI 插件来做影像数据的预处理。首先,前十个时间点的图像被删除,以维持图像的稳定性。用时间层校正做了时间层效应校正。为了矫正头动伪影,我们做了头动校正。头动参数过大的被试,即平动或转动超过 3 度的被试被排除。然后每个被试的影像都被空间标准化到 MNI 模板,并将图像重采样为 $3 \times 3 \times 3$ 立方毫米的大小。最后数据被用 6 毫米的平滑核进行了高斯平滑。

（五）数据分析

1.行为数据分析

SPSS22.0 被用于做描述统计。逻辑回归被用于计算之前试次的输赢对攻击选择或不攻击选择的影响。同时,我们做了配对样本 T 检验检查每一轮的攻击选择和不攻击的次数是否存在差异。

2.影像数据分析

在个体水平上,我们集中在体素激活的情况下,分别做了攻击选择、不攻击选择及攻击不攻击激活差异的三个一般线性模型。在每一轮实验中,如果被试做以上两个选择的次数少于三次,或者在三轮中被试选择某一个选择的次数小于 10 次,则该被试就被排除进一步的分析中。第一个一般线性模型被用来探究不攻击选择的体素激活方式。在该模型中,我们建构了空屏条件,即干扰选择和竞争反应时任务中间的休息屏;不攻击选择的条件和基线条件,即在填充试次中特定选择的条件。第二个一般线性模型被用来探究攻击选择激活的体素情况。在该模型中,空屏条件、攻击选择条件和基线条件,即在填充试次中特定选择的条件被建立。第三个一般线性模型被用来探究攻击选择和不攻击选择的激活差异。在该模型中,空屏条件、攻击选择条件、不攻击选择条件和基线条件,即在填充试次中特定选择的条件被建立。六个头动参数被添加到模型中作为协变量回归。在每一个实验试次的开始的时间点,典型的血样动力学函数被卷积。一般线性模型被用来计算攻击选择与基线、不攻击选择与基线、干扰选择与不干扰选择的图像比对。

在组水平上，我们采用单样本 T 检验的方法检验攻击选择、不攻击选择激活脑区的情况。用基于错误率检出的 FDR（体素水平阈值被设置为 0.001，团块水平阈值被设置为 0.05）对结果进行多重比较较正。为了探究攻击选择和不攻击选择共同激活的脑区，我们用在体素水平 $p < 0.001$，团块水平 $p < 0.05$，在两个实验中，攻击选择和不攻击选择激活的大脑图像做了一个重叠分析。为了检验攻击不攻击选择的重合脑区，是否有相似的神经表征，我们对在组水平上，攻击选择和不攻击选择每一个重合的区域做了表征相似性分析。对于每一个感兴趣的区域，我们提取了二阶分析时图像对比后的两个参数值向量，然后计算 Pearson 相关系数作为神经表征相似性的估计。1000 次的置换检验被用来检验显著性。每次，我们随机打乱体素的空间分布，然后计算攻击性和非攻击性选择的特定脑区之间的 Pearson 相关系数，以获得相关系数的零分布。基于零分布，我们估计了表征相似性分析的实际结果的显著性。

同时，为了进一步探究第二节和第三节的两个研究中攻击选择激活显著的脑区与攻击动机的关系，在两个研究中攻击选择都激活的脑区被作为了感兴趣区域，然后我们提出了这些脑区的平均的 bata 值，并探究这些 roi 的激活强度与由干扰／不干扰动机问卷测量的攻击的三个动机，即工具性动机、道德抑制动机和道德许可动机的关系。

3. 生理心理交互分析

由已有理论可知攻击选择和不攻击选择均应该由多个脑区共同作用的结果。那么在这个过程中，相应的脑区是如何相互作用的呢。我们通过多脑区生理心理交互分析（multi-regional PPI），来探究在攻击选择和不攻击选择中多个脑区是如何相互作用的。该方法已被证明能够有效的探究某种条件下不同脑区之间的功能连接（Cocchi et al.，2014）。在本研究中，我们采用该方法来探究不同条件是如何调节每个脑区与另外脑区间的连接的。传统生理心理交互分析是用来计算某个脑区与全脑其他体素间的连接，但是多脑区生理心理交互与传统的生理心理交互分析不同，该方法是简单、概化的生理心理交互分析的方法，它是用来评价特定脑区与其他特定脑区之间的连接是如何被不同条件调节的。本研究中,我们选择相应的激活脑区作为感兴趣区,定义为多个脑区,并且计算每个脑区与其他脑区之间的连接。

不攻击选择和攻击选择共同激活的脑区的峰值点被选作为原点,以原点为中心做 3 毫米的小球,将这些小球作为种子点。在每个被试的攻击选择、不攻击选择、注视点和中性条件下,将这些种子点代表大脑激活的特征值提取出来。通过计算大脑激活值与不同条件下的回归量的元素的乘积来获得每个种子点的生理心理交互的信号值。在计算乘积之前,每个被选定的激活区域相应的血样动力学函数皆被去卷积。用一般线型模型来对不攻击选择、攻击选择、中性条件是如何影响特定脑区对另一脑区影响进行计算。该模型中,因变量为被选定区域影响的脑区,自变量即解释变量为被选定的脑区,是指施加影响的脑区,也被称为源脑区或输出脑区。这样生理心理交互的信号所在的区域就是它的活动的很好的预测因子,这意味着该区域在不同条件下,对另一个区域的影响是不同的。多脑区的生理心理交互分析和传统的生理心理交互分析一样,攻击条件和不攻击条件、不攻击条件、中性条件、注视点条件分别被用来探测目标脑区与其他脑区的连接,而不关注的条件则被作为协变量。以此来减少由不同任务同时输入而增加的关系。如此每个被试每种条件下皆产生了 16×16 的连接矩阵。连接矩阵的每个元素 (i, j) 存储了相应 ppi 项的参数估计 (β),并量化了条件依赖的区域 i 对区域 j 施加的影响。连接矩阵的相关值 r 被费舍尔 z 转换成了 z 值。该研究关注不攻击选择和攻击选择条件下的连接矩阵的差异,因此我们将这两个条件下的连接矩阵进行对比,并用 FDR 的方法对得到的结果进行多重比较矫正(Friston, 2011)。

三、数据结果

(一)行为结果

在本研究中奖赏–干扰任务中,所有被试的平均干扰率为 51.34%。当我们做攻击选择激活的脑区时,在分析的时候,攻击选择少于 10 次的被试被排除在外。其中有四个被试不符合以上条件。同时,当我们做不攻击选择激活的脑区的时候,不攻击选择少于 10 次的被试,也会被排除在此分析外,不符合该要求的被试有 6 个被试。另外,有 11 个被试无法满足攻击选择和不攻击选择皆大于 10 次的要求,我们在分析二者的差异的脑区时,这些被试也被排除。前一个试次的比赛输赢并没有对当前的选择造成显著影响($\beta = 0.149, SE = 0.079, p = 0.061$)。并且每一轮的攻击次数也不存在显著差异。第一轮攻击选择的平均次数为 9.28,标准差为 5.33;第二轮攻击选择的平均次数为 9.55,标准差为 5.32;第三轮攻击选择的平均次数为 10.05,标准差为 5.49;第一轮与第二轮($t = -0.535, p = 0.569$)、第三轮 ($t = -1.390, p = 0.172$)的攻击选择次数无显著差异,第二轮与第三轮的攻击次数亦没有显著差异($t = -1.254, p = 0.217$)。

(二)影像结果

1. 攻击选择和基线对比

为了探究人们在做攻击选择时大脑激活模式,我们对比了攻击选择和基线的大脑激活模式。结果发现,相较于基线,攻击选择激活了内侧前额叶皮层、额上回、额下回、眶额叶、前扣带皮层、中扣带皮层、缘上回、颞下、脑岛、颞顶联合区、齿状回和海马旁回。基线条件相对于攻击选择没有脑区显著的激活(见图 5.3.2 和表 5.3.1)。

2. 不攻击选择与基线的对比

为了探究人们作出抵制诱惑、作出不攻击选择时的大脑激活情况,我们对比了不攻击选择和基线的大脑激活模式。结果发现,相较于基线条件,攻击条件激活了额下回、额上回、内侧前额叶皮层、脑岛、顶下、颞下、舌回和前扣带皮层。相较于不攻击选择,基线条件激活了背外侧前额叶、后扣带皮层、顶上、梭状回和枕下(见图 5.3.2 和表 5.3.2)。

3. 攻击选择和不攻击选择的对比

相较于不攻击选择,攻击选择激活了双侧前扣带皮层、楔前叶、额下回、颞顶联合区、内侧前额叶、额中回和颞中回(见图 5.3.2 和表 5.3.3)。相较于攻击选择,不攻击选择没有显著激活的脑区。

4. 重合分析

为了探究攻击选择和不攻击选择共同激活的大脑区域，我们做了攻击选择与基线对比的激活图和不攻击选择与基线对比的激活图的重合分析。结果表明，显著的区域有中扣带皮层、前扣带皮层、内侧前额叶、额下回、额上回、缘上回、脑岛、颞中回、颞顶联合区、颞下回一直延伸至颞极和齿状回。相似性分析表明，这些脑区在攻击选择条件下和不攻击选择条件下的激活模式显著相关（见图 5.3.2 和表 5.3.4）。

表 5.3.1　相较于基线，攻击选择激活的脑区

激活区域	峰值点坐标			团块大小	T 值
	x	y	z		
内侧前额叶	12	60	30	1094	8.50
前扣带	12	48	12	699	7.73
中扣带	−3	−15	36	117	7.16
辅助运动区	−6	21	66	141	6.69
左侧额上回	18	48	33	371	6.42
右侧额上回	24	48	42	535	8.27
眶额叶	3	51	−3	29	4.60
左侧额下回	−42	24	−6	160	6.18
右侧额下回	39	21	−18	184	6.42
左侧颞极	42	15	−42	235	7.10
左侧颞极	−39	9	−42	237	7.33
右侧颞中回	54	−24	−9	336	6.59
右侧海马旁回	6	−9	−12	97	4.70
左侧颞顶联合区	−60	−60	33	74	5.78

续表

激活区域	峰值点坐标			团块大小	T值
	x	y	z		
右侧颞顶联合区	60	−57	36	36	4.76
齿状回	−3	90	−3	578	8.57

表 5.3.2　相较于基线,不攻击选择激活的脑区

激活区域	峰值点坐标			团块大小	T值
	x	y	z		
不干扰选择＞基线					
内侧前额叶	−6	54	18	647	7.29
内侧前额叶	0	30	33	48	5.86
前扣带	−3	48	15	345	6.35
额下回	−39	21	−12	42	42
中扣带	−3	30	33	31	5.63
辅助运动区	−3	21	69	143	6.81
左侧颞下回 / 颞极	−39	9	−42	90	5.49
右侧颞下回 / 颞极	45	3	−42	63	5.58
左侧脑岛	−36	15	−12	35	4.55
舌回	−12	−84	−3	101	5.86
基线＞不干扰选择					
左侧背外侧前额叶	−39	6	39	485	5.87
后侧扣带	−6	−42	12	73	4.83
顶上	−30	−73	42	943	6.80

激活区域	峰值点坐标			团块大小	T 值
	x	y	z		
左侧梭状回	−51	−54	−6	400	6.67
右侧梭状回	39	−33	−18	76	5.36
左侧枕下回	−30	−75	−9	167	5.33

表 5.3.3　相较于不攻击选择，攻击选择激活的脑区

激活区域	峰值点坐标			团块大小	T 值
	x	y	z		
干扰选择＞不干扰选择					
前扣带	15	42	9	109	5.52
内侧前额叶	9	42	36	60	5.02
中扣带	6	−30	36	122	4.80
左侧额下回	−42	36	0	97	4.69
颞中回	−57	−51	−3	87	4.60
左侧颞顶联合区	−63	−39	36	111	5.36
右侧颞顶联合区	45	−42	15	230	4.46
楔前叶/齿状回	−12	−72	27	413	4.96

5. 在两个研究中攻击选择激活的共同脑区及这些激活与攻击动机的关系

重合分析发现，内侧前额叶、缘上回、海马旁回、颞下回、齿状回、前扣带、中扣带、额下回、额上回、脑岛、颞中回、颞顶联合区和颞极在两个研究中的攻击选择条件下皆被激活（见表5.3.5）。

这些脑区与攻击动机的相关分析发现,内侧前额叶、前扣带、左侧额下回、右侧颞中回、右侧额上回、左侧脑岛和左侧颞顶联合区的激活强度与道德许可动机得分负相关（见表 5.3.6）。中扣带、前扣带皮层、内侧前额叶、缘上回、双侧脑岛、双侧额下回、双侧额上回、双侧颞下回、双侧颞顶联合区的激活与工具性动机显著负相关（见表 5.3.6）。右侧额上回与道德抑制的相关为 $r = -0.36, p = 0.041$。另外,尽管前扣带、左侧额上、内侧前额叶、右侧颞中回、双侧脑岛和左侧颞顶联合区与道德抑制是不显著的,但是相关值 r 值仍然是大于 0.2 的。

表 5.3.4　干扰选择和不干扰选择共同激活的脑区

共同区域	团块大小	表征相似性	
		r	p
前扣带	457	0.90	< 0.001
内侧前额叶	878	0.93	< 0.001
中扣带	51	0.93	< 0.001
辅助运动区	173	0.96	< 0.001
右侧额上回	413	0.89	< 0.001
左侧额上回	258	0.95	< 0.001
左侧额上回	40	0.84	< 0.001
左侧额下回	71	0.92	< 0.001
右侧额下回	39	0.86	< 0.001
左侧脑岛	60	0.86	< 0.001
右侧脑岛	43	0.94	< 0.001
右侧颞顶联合区	76	0.77	< 0.001
右侧颞中回	54	0.92	< 0.001
左侧颞下回	122	0.84	< 0.001
右侧颞下回	88	0.78	< 0.001
齿状回	127	0.73	< 0.001

表 5.3.5　第二节和第三节研究中干扰选择皆激活的脑区

共同脑区	团块大小	表征相似性	
		r	p
前扣带	678	0.92	< 0.001
内侧前额叶	984	0.82	< 0.001
中扣带	86	0.74	< 0.001
辅助运动区	128	0.66	< 0.001
右侧额上回	443	0.81	< 0.001
左侧额上回	366	0.82	< 0.001
左侧额下回	134	0.73	< 0.001
右侧额下回	108	0.71	< 0.001
左侧脑岛	61	0.81	< 0.001
右侧脑岛	24	0.73	< 0.001
左侧颞顶联合区	47	0.71	< 0.001
右侧颞顶联合区	156	0.78	< 0.001
右侧颞中回	97	0.72	< 0.001
海马旁回	48	0.86	< 0.001
左侧颞下 / 颞极	119	0.83	< 0.001
右侧颞下 / 颞极	83	0.60	< 0.001
齿状回	484	0.80	< 0.001

6. 不攻击选择在两个研究中共同激活的脑区及这些脑区与攻击动机的关系

重合分析发现,双侧额下回、双侧额上回、缘上回、颞极、内侧前额叶、前扣带、颞顶联合区和舍回在两个研究中的不攻击选择中均被激活(见表 5.3.6)。

我们发现前扣带皮层($r = 0.404, p = 0.030$)、内侧前额叶($r = 0.403, p = 0.030$)、右侧额上回($r = 0.372, p = 0.047$)与道德抑制显著正相关。另外,尽管

齿状回和颞顶联合区与道德抑制动机相关不显著,但是其相关值 r 亦超过了 0.2。我们未发现哪些脑区与道德许可动机和工具性动机是显著相关的。

表 5.3.6 干扰选择关键的脑区与干扰—不干扰动机问卷各个维度的关系

关键脑区	道德推脱		道德抑制动机		工具性动机	
	r	p	r	p	r	p
内侧前额叶	−0.38*	0.031	0.29	0.102	−0.52**	0.002
前扣带	−0.48**	0.006	0.30	0.101	−0.64***	< 0.001
中扣带	−0.23	0.209	0.08	0.675	−0.48*	0.011
左侧额上回	−0.34	0.060	0.29	0.111	−0.57**	0.001
右侧额上回	−0.38*	0.034	0.36*	0.041	−0.53**	0.002
左侧额下回	−0.38*	0.034	0.34	0.060	−0.52**	0.002
右侧额下回	−0.30	0.092	0.24	0.181	−0.51**	0.002
辅助运动区	−0.41	0.020	0.10	0.572	−0.43*	0.013
左侧颞下回	−0.13	0.479	0.03	0.848	−0.43*	0.013
右侧颞下回	−0.13	0.476	0.10	0.603	−0.43*	0.013
右侧颞中回	−0.40*	0.025	0.33	0.068	−0.43*	0.013
左侧脑岛	−0.39*	0.027	0.30	0.100	−0.53**	0.002
右侧脑岛	−0.31	0.087	0.29	0.111	−0.55**	0.001
左侧颞顶联合区	−0.52**	0.002	0.23	0.213	−0.41*	0.019
右侧颞顶联合区	−0.22	0.217	0.16	0.377	−0.28	0.120
海马旁回	−0.03	0.858	−0.01	0.972	−0.19	0.289
舌回	−0.20	0.267	0.17	0.360	−0.33	0.063

表 5.3.7　第二节和第三节研究中不干扰选择皆激活的脑区

共同区域	团块大小	表征相似性	
		r	p
前扣带	425	0.74	< 0.001
内侧前额叶	738	0.74	< 0.001
辅助运动区	171	0.66	< 0.001
右侧额上回	443	0.81	< 0.001
左侧额上回	406	0.73	< 0.001
左侧额下回	64	0.69	< 0.001
右侧额下回	36	0.86	< 0.001
左侧脑岛	39	0.77	< 0.001
右侧脑岛	37	0.86	< 0.001
右侧颞顶联合区	70	0.28	0.02
右侧颞下回	79	0.75	< 0.001
齿状回	127	0.57	< 0.001

7. 攻击选择和不攻击选择在两个研究中皆激活的脑区

为了探究两个研究中攻击选择和不攻击选择皆被激活的脑区,我们做了攻击选择和不攻击选择激活脑区的重合分析。结果发现,左侧额下回(团块大小为 37 个体素)、右侧额下回(团块大小为 95 个体素)、前扣带(团块大小为 425 个体素)、内侧前额叶(团块大小为 693 个体素)、左侧颞极(团块大小为 78 个体素、颞顶联合区(团块大小为 67 个体素)、齿状回(团块大小为 127 个体素)。在两个研究的攻击选择和不攻击选择中皆被激活。

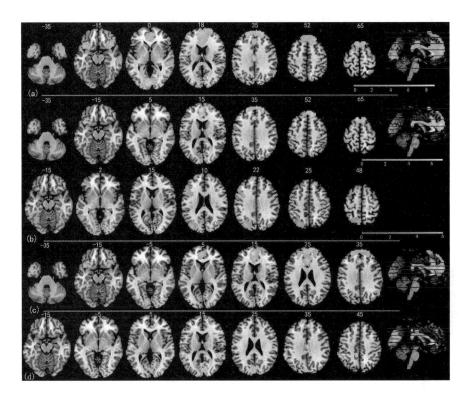

图 5.3.2　主动性攻击的大脑激活图

（a）相对比基线，攻击选择的大脑激活图。（b）相对比基线，不攻击选择的大脑激活图。（c）攻击选择和不攻击选择共同的大脑激活图。（d）相较于不攻击选择，攻击选择的大脑激活图。

8. 生理心理交互分析的结果

一般线性模型（GLM）被用来评估不同实验条件下脑区间连接的差异。结果发现，与基线条件相比，楔前叶与颞顶联合区的连接在不攻击条件下更强；额下三角区与颞顶联合区的连接在攻击条件下更弱。旁侧海马与额下三角区的连接在不攻击选择与攻击选择条件下有所不同，其连接强度在攻击条件下连接更弱。提取以上区域间的连接值做进一步的分析发现，旁侧海马与额下三角区的连接在攻击条件下为负相关，不攻击条件下为正相关（见图5.3.3）。

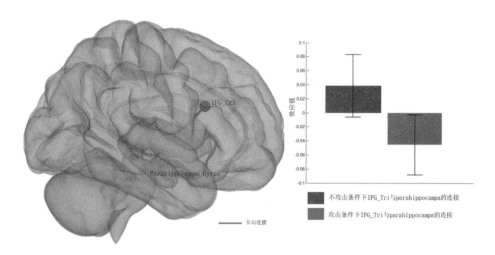

图 5.3.3　攻击选择与不攻击选择相比功能连接的结果

四、讨论

本研究的结果与第二节的研究结果一致。攻击选择和不攻击选择会激活共同的脑区,如背外侧前额叶、内侧前额叶、颞顶联合区/角回、辅助运动区、前扣带、眶额、额下、颞下等。且与预期的一致,当噪音强度增加后,攻击选择与不攻击选择相比,额下三角区、缘上回/顶下、背外侧前额叶、内侧前额叶、眶额、前扣带、中扣带、颞中、楔前叶、角回、海马旁回等区域被显著激活。多脑生理—心理交互的结果显示,楔前叶与颞顶联合区的连接与基线条件相比,不攻击选择条件下连接更强;额下三角区与颞顶联合区在不攻击选择条件下连接更弱。旁侧海马与额下三角区与不攻击选择条件相比,在攻击选择条件下的连接强度更弱。且在攻击选择下连接为负相关;在不攻击条件下的连接为正相关。这些结果支持了我们的主动性攻击的动机理论。主动性攻击可能涉及在工具性动机中起重要作用的奖赏系统的脑区,如尾状核、眶额、壳核(Bach et al.,2017,Lopez et al.,2017,Valentin & O'Doherty,2009);道德系统的相关脑区,如内侧前额叶、角回、额中回、缘上回、海马旁回、楔前叶与顶下,在主动性攻击中有重要作用(Bzdok et al.,2012,Han,2017,Michl et al.,2014,Zhu,Feng et al.,2019)。同样,认知控制系统的相关脑区如前扣带、额下和背侧前额叶,也在主动性攻击中起着关键作用(Aarts et al.,2009,Botvinick et al.,2004,Milham & Banich,2005)。并且这三个系统在主动性攻击中相互作用,共同决定个体的选择。

重要的是,本研究发现,相较于基线条件,内侧前额叶、前扣带、颞顶联合区在攻击选择和不攻击选择条件下都被激活,这与第二节的研究是一致的。并且这三个脑区与主动性攻击的三个动机也都是相关的。尤其是内侧前额叶和前扣带的激活与道德许可及工具性动机显著负相关,与道德抑制动机呈现显著正相关。另外,颞顶联合区与道德许可动机和工具性动机显著负相关,与道德抑制动机呈现负相关,相关值 r 大于了 0.2。这些结果与我们的假设一致,即一些脑区会涉入多个主动性攻击的心理过程,如内侧前额叶、前扣带、颞顶联合区,这些脑区应该是状态主动性攻击的基础的、核心的脑区。

我们认为,内侧前额叶、前扣带和颞顶联合区之所以与道德许可动机、工具性动机负相关,与道德抑制动机正相关,这可能是因为这三个脑区在与道德抑制相关的情绪和认知中起着重要作用,如可能在共情、内疚和道德判断中起着重要作用(Fan et al.,2011,Han,2017,Han et al.,2016,Zhu,Feng et al.,2019)。因此,道德抑制动机可能触发了这三个脑区在状态主动性攻击中的激活,而道德许可动机和工具性动机可能降低了这些脑区的激活。换而言之,我们认为工具性动机、道德抑制动机和道德许可动机彼此相互增强和中和。内侧前额叶、前扣带和颞顶联合区在三个动机的对抗中起着重要作用。这些脑区在主动性攻击的攻击选择中有着重要作用,未来,脑区的预防和干预研究应该集中在这三个脑区中。

第二节、第三节的研究揭示了噪音的强度会影响主动性攻击的神经基础,但是前两个研究并未直接对伤害强度与大脑激活情况作分析。根据之前所述,在面对同样奖赏时,获得利益需要对他人施加的伤害越大,个体面对的道德冲突就越大,道德相关的脑区激活就会越强。第四节我们用另一个研究进一步检验不同伤害等级的主动性攻击的神经基础。

第四节

不同伤害等级的主动性攻击的神经基础

一、研究目的

检验不同伤害等级的主动性攻击的神经基础。

二、研究方法

（一）被试

23 名（其中,12 名女生,11 名男生）健康的右利手大学生被试,平均年龄为 19.87 岁,标准差为 1.28 岁。所有被试均签署了知情同意书,进行任务的练习,在脑成像扫描仪中完成了奖赏–干扰任务,并获得了一定报酬。

（二）测量工具

1.干扰—奖赏任务

奖赏–干扰任务与前面的任务操作基本相似。在该研究中,被试需要分四轮完成 120 个实验试次,每轮完成 30 个实验试次。每一个实验试次均以 4.5—7.5 秒的注视点开始。接下来被试会看到本回合相应的奖励（5—35 元随机呈现）,同时被试需要在 6 秒之内按"1—3"的数字键来选择相应的噪音刺激对对手进行干扰,"1"代表 70 分贝的噪音、"2"代表 90 分贝的噪音、"3"代表 110 分贝的噪音。做了决策后,被试看到了一个黑屏,黑屏呈现的时间为 2000—8000 毫秒,这些时间随机呈现。接下来,被试看到一个白灯,并听到一个声音信号。当被试听到"滴"的信号后,被试需要在 2 秒内尽快按键。如果被试赢了,白灯就会变成绿色;如果被试输了,白灯就会变成红色。最后,被试会看到 2 秒的反馈屏,通过反馈屏,被试可以看到本试次获得的金钱及是否获胜。被试失败和获胜的概率皆为提前设置好。当被试选择"1—3"的按键的时候,获胜概率分别为 50%、70%、90%。

填充试次的程序与实验试次的程序除了干扰屏和获胜概率不同,其他设置皆保持一致。填充试次的攻击选择屏中,被试有 6 秒的时间通过按特定的按键,选择绿色的数字键,被试被告知,这个绿色字体的设定是由计算机随机分配的,并且每个试次被标记数字是不一样的。这个选择不会对对手造成任何伤害。但是,被试被告知,如果被试按错键,即使他们获胜了,他们也不能获得本试次的奖励。被试选择的被标记数字的试次,获胜概率为百分之五十。这个设置可以让被试降低习惯性按固定按键的可能性。

（三）数据收集

采用 3.0 特斯拉的 12 个线圈的西门子核磁共振扫描仪收集了血氧动力学的影像数据。这些数据通过四轮获得。在数据采集时采用 T2 加权回波成像序列。成像序列的参数设置如下：回波时间（echo time）被设置为 30 毫秒,重复时间（repetition time）被设置为 2000 毫秒,翻转角（flip angle）被设置为 90°，层数（slices）被设置为 32 层,视野矩阵（field of view）被设置为 220×220 平方毫米,层间距为 1 毫米,层厚（slice thickness）被设置为 3 毫米,采集矩阵为 96×96；体素大小（voxel size）被设置为 3.4×3.4×4 立方毫米。

（四）核磁数据预处理

我们用基于 MATLAB 的静息态数据的数据处理助手 DPARBI 插件来做影像数据的预处理。首先,前十个时间点的图像被删除,以维持图像的稳定性。用时间层校正做了时间层效应校正。为了矫正头动伪影,我们做了头动校正。头动参数过大的被试,即平动或转动超过 3 度的被试被排除。然后,每个被试的影像都被空间标准化到 MNI 模板,并将图像重采样为 3×3×3 立方毫米的大小。最后数据被用 6 毫米的平滑核进行了高斯平滑。

（五）数据分析

1. 个体水平分析

我们采用一般线性模型对预处理好的影像数据进行建模。将被试选择的干扰等级作为参数建立参数矩阵，为参数分析做准备。开始时间点（onset time）为决策屏出现的时间，为了排除金钱大小对于结果的干扰，我们将每一回合奖励的金额作为控制变量；同时，为了减少头动对结果的影响，我们将六个头动参数放在模型中作为协变量进行控制。

2. 组水平分析

单样本 T 检验的方法被用来探究不同伤害强度的主动性攻击的神经基础，控制错误发现率的矫正方法（FDR）被用来对结果进行多重比较矫正，阈值被设置为 $p < 0.05$。

三、数据结果

1. 行为结果

在本研究中，被试的平均干扰等级为 1.88。每个被试的平均干扰等级为所有试次的干扰等级总和除去总的实验试次数。选择干扰等级 1 的概率为 39.3%，干扰等级 2 概率为的 33.2%，干扰等级 3 的概率为 27.5%。

2. 影像结果

参数分析的结果发现，背外侧前额叶的激活强度会随着人们选择干扰等级的增强而增强，其峰之点的坐标为 $x, y, z = 6, 39, 48$，强度值 t 为 9.33，团块大小为 124（如图 5.4.1）。

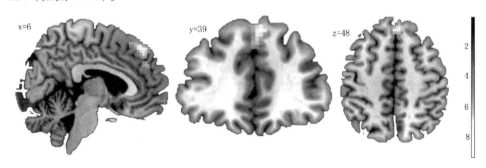

图 5.4.1 干扰等级的参数分析结果

四、讨论

与前面两个研究的结果一致,本研究发现,内侧前额叶的激活强度会随着攻击强度的增加而增强。该结果说明,内侧前额叶不仅在攻击选择和不攻击选择中有重要作用,并且在攻击强度的变化中也有重要作用。

这个结果在一定的程度上和我们的假设是一致的。根据假设做主动性攻击的时候,伤害强度越大,道德抑制和道德推脱相关的脑区激活越强。之前研究表明,内侧前额叶在道德情绪(如内疚)、道德认知(心理理论)和道德情绪调节中有重要作用。

五、本章总讨论

(一)主动性攻击的基础的和核心的脑区

在第五章的研究中,我们从特质和状态两个角度,通过四节内容的四个研究来揭示主动性攻击的神经基础。这四个研究表明,内侧前额叶、前扣带和颞顶联合区可能是主动性攻击的基础的和核心的脑区。这些脑区既在特质主动性攻击中起着重要作用,又在状态主动性攻击中起着重要作用。同时,这三个脑区在状态主动性攻击中的攻击选择和不攻击选择中皆有激活,在第三节的研究中表明,相对于不攻击选择,攻击选择也会激活以上三个脑区。且这三个脑区与主动性攻击的三个主要动机,即工具性动机、道德许可动机和道德抑制动机皆相关。这些结果与之前的关于内侧前额叶、前扣带和颞顶联合区的功能的研究也是一致的(e.g., Jeroen et al., 2019, Fede & Kiehl, 2020, Koenigs et al., 2007, Han, 2017, Zhu, Feng et al., 2019, Obeso et al., 2018)。

首先,之前的研究(e.g., Jeroen et al., 2019, Miyazaki et al., 2004, Hu & Jiang, 2014)表明内侧前额叶可能涉及了道德抑制动机、道德许可动机和工具性动机。关于道德抑制动机,道德结果的负向预期是道德抑制动机的关键认知因素,并且内侧前额叶可能是道德结果负向预期的重要脑区。如,内侧前额叶与不愉快的预期是相关的（Sege et al.,2017），并且当个体被暴露在负向的道德结果时,该脑区会被激活（Knutson & Cooper,2005, Mechias et al.,2010, Nitschke et al.,2006）。之前的研究发现,内侧前额叶会涉及对未来情绪的结果预期,并根据该预期指导道德判断（Naqvi et al.,2006）。预期的负向社会情绪的强度也与内侧前额叶的激活呈正相关（Han et al.,2016）。内侧前额叶损伤的病人会展示出更少的内疚情绪（Anderson et al.,2006, Fellows,2007, Rolls et al.,1994）。内侧前额叶也是道德许可的重要脑区。之前的研究表明,内侧前额叶会涉及道德两难问题的功利主义决策,并在其中起着重要作用。内侧前额叶可能弱化功利主义选择的负性情绪,因此会使个体对功利主义选择有更积极的态度,作出更多的功利主义选择（Hu & Jiang,2014）。内侧前额叶可能会涉及工具性动机。奖赏预期是工具性动机的主要的一个认知因素,内侧前额叶与积极的预期是相关的（Sege et al.,2017）。例如,内侧前额叶激活在奖赏释放后的一个阶段被增强（Miyazaki et al.,2004）。

第二,之前的研究（如, Tholen et al.,2020, Gifuni et al.,2017, Han et al.,2016）发现,前扣带在评价个体和他人的道德违背行为中起着重要作用（Kedia et al.,2008）。同时,前扣带与内疚（Zhu, Feng et al.,2019, Gifuni et al.,2017）、共情（Fan et al.,2011）和即将到来的负向刺激的预期是相关的（Nitschke et al.,2006）,这些因素皆是道德抑制动机的重要成分。另外,之前的研究表明,前扣带可能与冲突加工有关,包含了冲突监控和冲突决策（Aarts et al.,2009, Liu et al.,2012, Milham & Banich,2005, Woodward et al.,2008, Botvinick et al.,2004）。例如,与非人的道德两难问题的低冲突条件相比较,前扣带在包含人的高冲突两难问题的条件下,激活更强（Han et al.,2016, Han et al.,2014）。

第三,颞顶联合区可能在道德抑制动机、道德许可动机和动机冲突中起着重要作用（Han,2017, Obeso et al.,2018）。之前的研究解释,颞顶联合区会涉及他人心理和意图的编码（Young & Saxe,2008）及道德判断（Han,2017）。最近的影像研究指出,与心理理论相关的脑区包括颞顶联合区在道德决策中有着关键作用（Bzdok et al.,2012, FeldmanHall et al.,2012, FeldmanHall et al.,2015）。颞顶联合区也会在道德决策中负责重新建构他人的意图和归因（Bzdok et al.,2012），并且与理解社会规范的违背（Mendez et al.,2005）和社会概念的理解（Zahn et al.,2009）也是相关的。另外，最近的研究表明颞顶联合区在道德和物质利益的道德冲突中起着重要作用（Obeso et al.,2018）。因此，颞顶联合区会在主动性攻击的道德动机和动机冲突中起重要作用。

（二）主动性攻击的心理-脑模型

为了整合当前的结果更好的解释主动性攻击的大脑相关，我们提出了主动性攻击的心理-脑模型。

道德抑制动机、道德许可动机、工具性动机及冲突和控制这四个心理因素是主动性攻击的主要心理因素。这四个因素会相互作用，与这些因素相关的脑区也会有些彼此重合。当前研究的结果揭示了内侧前额叶、前扣带和颞顶联合区可能是主动性攻击的关键的、基础的脑区，因为他们在主动性攻击的三个动机成分中皆起着重要作用。另外，正如之前所述，根据之前的研究结果（Han et al.,2016，Han et al.,2014，Obeso et al.,2018），前扣带和颞顶联合区会涉及动机的冲突和控制。因此，我们认为内侧前额叶、前扣带和颞顶联合区是主动性攻击动机的核心脑区。

（三）研究的贡献和不足

这是第一个从特质和状态两个角度，综合全面地对主动性攻击的神经基础进行探究的研究。本章的研究为主动性攻击的理论建构提供了实证证据，对主动性攻击的神经干预也提供了一些新的思路和启发。

但这些研究仍然有一些局限。第一，本章的研究被试皆为大学生被试。这些研究结果应该用其他样本来验证，如社区样本和病人样本，以验证该研究的有效性和可推广性。第二，主动性攻击的这四个心理成分的神经相关仅仅是我们的推测，并未提供直接证据来支持这四个心理因素的神经基础。未来的研究可以通过实验操作的方式来探究这四个心理成分的神经基础。第三，本研究呈现的仅仅为相关的结果，未来也可以用纵向的研究或干预研究来进一步研究主动性攻击的神经基础。

（四）结论

我们用四个研究探究了特质和状态主动性攻击的神经基础,并且发现内侧前额叶、前扣带、颞顶联合区是主动性攻击的关键脑区,在特质主动性攻击和状态主动性攻击中皆起重要作用。在状态主动性攻击中,以上脑区不仅会涉入不攻击选择,也会涉入攻击选择,同时相对于不攻击选择,个体做攻击选择时,以上三个脑区会激活更强。且这三个脑区与主动性攻击的三个动机,即道德抑制动机、道德许可动机和工具性动机均相关。这四个研究一起揭示了主动性攻击的神经基础,为反社会行为的神经道德理论提供了证据。这些结果也有助于我们理解主动性攻击的本质,为我们发展主动性攻击的预防和干预的神经技术提供一定的指导。

第六章

道德因素对主动性攻击倾向的影响

以上研究证明了道德抑制动机（如共情、内疚和道德认同）和道德许可动机（如冷酷无情和道德推脱）是状态主动性攻击的两个重要动机（Zhu, Wang et al., 2019）。本章进一步探究道德抑制和道德许可动机成分是否与特质主动性攻击也存在密切的关系。

特质主动性攻击与共情的纵向关系

　　主动性攻击的行为会涉及道德抑制动机（Zhu，Zhou et al.，2019）。根据攻击的定义，攻击是指对其他人的伤害。因此道德系统尤其是道德情绪（如，内疚和共情）倾向于抑制为了自己的利益而伤害他人的行为（Crockett et al.，2017，Tangney et al.，2007），除非这种行为是合法合理的（如为了公平正义的主动性攻击行为）。主动性攻击被强调是预谋性的深思熟虑的行为（Dodge et al.，1997，Hecht & Latzman，2018），在主动性攻击决策的过程中，道德动机是比较明显的不可避免的存在。换句话说，主动性攻击必然涉及道德抑制的动机。共情是道德抑制动机的重要组成成分，对主动性攻击的产生有一定的抵御作用（Zhu，Zhou et al.，2019）。

　　共情是对他人感受的理解和情绪反应（Austin et al.，2017，Dodel et al.，2013，Valk et al.，2017）。包含认知共情和情绪共情两个成分。总结之前的研究发现，共情与主动性攻击关系的结果并不一致。有研究表明，认知共情和情绪共情都与主动性攻击有关（Euler et al.，2017）；另一个研究表明，只有情绪共情与主动性有关（Austin et al.，2017）。且目前关于共情与主动性攻击关系研究多集中在横断面的设计，无法为二者的关系方向提供证据，二者的因果关系仍无法确定。确定共情对主动性攻击的抵御作用，将有助于我们更好地理解主动性攻击的产生过程，并且对其进行有针对性的预防和干预有重要作用。因此，本研究采用纵向研究设计进一步探明共情的两个成分，即认知共情和情绪共情与主动性攻击的关系。

　　我们假设认知共情和情绪共情都将负向预测主动性攻击。攻击的社会加工理论（social information processing，SIP）认为，结果预期是主动性攻击的主要认知机制。高共情的潜在攻击者在认知上可以认识到他人的情绪变化，在情绪上可以共享受害人受到攻击后的痛苦,体验到受害人的恐惧情绪,使得攻击者关注攻击带来的负性结果,抑制攻击性行为(Bussey et al.,2015,Belacchi & Farina,2019)。因此,认知共情和情绪共情都会对主动性攻击起到抵御的作用。

一、研究方法

(一)被试

该研究的样本来自本课题组的一项纵向的关于攻击的心理机制和影响因素探究的数据集。该数据集包含四所高校的大学生的数据。目前共收集三次数据。第一次与第二次数据收集间隔 6 个月。第二次与第三次数据收集间隔 12 个月。所有收集工作均在所在学校,由该校辅导员协助完成。在收集数据前对协助的辅导员进行了相应的培训,并告知被试该调查的目的,他们自愿参加该测试,并可以随时退出。每次测试完成后,每个人会得到 15 元的报酬。

(二)测量工具

1. 共情问卷

用基本共情(Jolliffe & Farrington,2006)问卷测量个体的认知共情和情绪水平。该问卷包含了认知共情和情绪共情分量表,这两个量表分别包含 9 个和 11 个测量题目。被试被要求在五级量表上评价每个题目。得分越高代表共情水平越高。该量表已经在中国样本中被使用,并且被表明有很好的信效度(Wang et al.,2023)。在本样本中,认知共情的内部一致性系数分别为 0.81(第一个时间点,T1),0.83(第二个时间点,T2);情绪共情的内部一致性系数分别为 0.78(第一个时间点,T1),0.79(第二个时间点,T2)。

2. 反应性-主动性攻击问卷

用有 23 个题目的反应性-主动性攻击问卷(Raine et al.,2006)测量个体的主动性攻击和反应性攻击水平。其中 12 个题目用来评价个体的主动性攻击(如为了赢得比赛而伤害他人);11 个题目被用来测量个体的反应性攻击(如,当有人惹我的时候,我很愤怒)。被试被要求评价他们做出相应的攻击行为的频率。在中国样本中,该量表也有很好的信效度（张万里等,2014）。在当前的样本中,反应性攻击的内部一致性系数在两次测量中分别为 0.86（T1）,0.88（T2）；主动性攻击的内部一致性系数在两次测量中分别为 0.91（T1）,0.95（T2）。

（三）数据分析

首先,我们用 SPSS24.0 计算了各个变量的相关。第二,采用交叉滞后模型的分析方法,来探究认知共情和情绪共情与主动性攻击和反应性攻击的纵向关系。

二、结果

表 6.1.1 呈现了各个变量描述统计和相关分析的结果。结果表明,在两个时间点上认知共情和情绪共情与主动性攻击和反应性攻击均为负相关关系。

表 6.1.1 描述统计和变量间的相关分析（$n = 940$）

变量	平均数	标准差	1	2	3	4	5	6	7	8	9
1. 年龄	19.65	0.83	1								
2. 性别	—	—	-0.02	1							
3. 认知共情1	3.73	0.53	-0.01	0.16***	1						
4. 认知共情2	3.69	0.55	-0.06	0.22***	0.52***	1					
5. 情绪共情1	3.61	0.53	0	0.29***	0.58***	0.39***	1				
6. 情绪共情2	3.55	0.53	-0.02	0.33***	0.40***	0.63***	0.59***	1			
7. 主动性攻击1	1.06	0.18	0.08*	-0.15***	-0.26***	-0.16***	-0.21***	-0.12***	1		
8. 主动性攻击2	1.08	0.24	-0.01	-.22***	-0.22***	-0.25***	-0.21***	-0.24***	0.20***	1	
9. 反应性攻击1	1.57	0.37	-0.01	0.10***	-0.02	0.06	0.15***	0.15***	0.34***	-0.02	1
10. 反应性攻击2	1.5	0.37	-0.04	-0.12***	-0.13***	-0.08*	-0.09***	-0.09***	0.18***	0.48***	0.30***

注：1 = 时间点 1；2 = 时间点 2；性别被编码为 0 和 1，0 为男，0 为女；$*p < 0.05$；$**p < 0.01$；$***p < 0.001$

交叉滞后的模型表明,第一次的认知共情和情绪共情均可以显著预测六个月后的主动性攻击($\beta_{认知共情} = -0.18, p < 0.001; \beta_{情绪共情} = -0.17, p < 0.001$)和反应性攻击($\beta_{认知共情} = -0.12, p < 0.001; \beta_{情绪共情} = -0.13, p < 0.001$)。

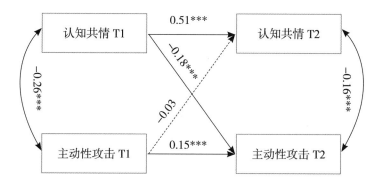

图 6.1.1　认知共情与主动性攻击的交叉滞后模型

注:$*p < 0.05; **p < 0.01; ***p < 0.001$。

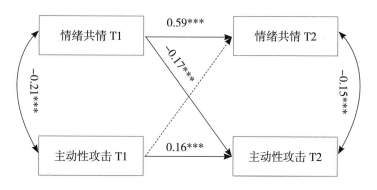

图 6.1.2　情绪共情与主动性攻击的交叉滞后模型

注:$*p < 0.05; **p < 0.01; ***p < 0.001$。

三、讨论

该结果与之前的研究相一致,很多研究表明,共情与主动性攻击的一些行为,如校园欺凌和网络欺凌呈现负相关关系(Ang & Goh,2010, Muñoz et al.,2011),

并且共情是可以通过训练得到提高,从而有效的降低校园欺凌和网络欺凌行为(Hoseinian et al.,2019,Şahin,2012,Schultze-Krumbholz et al.,2016)。横断面的研究表明,无论是认知共情还是情绪共情都与主动性攻击行为负相关(Euler et al.,2017)。

攻击的社会加工理论(social information processing,SIP)认为,结果预期是主动性攻击的主要认知机制。高共情的潜在攻击者在认知上可以认识到,受害人受到攻击后的痛苦和在情绪上可以共享或体验到受害人的恐惧情绪,使得攻击者关注攻击带来的负性结果,抑制攻击性行为(Belacchi & Farina,2019)。因此,认知共情和情绪共情皆可预测六个月后的主动性攻击。认识和体验到攻击带给他人的痛苦和伤害,同样会抑制个体的反应性攻击。

特质主动性攻击与道德情绪内疚的纵向关系

道德抑制动机的另一个重要成分为内疚。Bandura（1991）的社会认知理论指出，预期到的情绪反应（如，内疚）会调节道德行为。例如，运动员可能会因为预期到自己的犯规行为可能给对手带来的潜在伤害而产生内疚的情绪，从而不去做这样的行为（Stanger et al.,2012）。内疚是一种随着紧张和遗憾的不愉快的感受。这种情绪之所以会产生，是由于个体认为他人目前的困境和痛苦是自己导致的（Hoffman,2000）。内疚是一种适应性情绪，其特征是违法犯罪后的补偿行为倾向（即弥补）（Tangney et al.,2007），对攻击行为起着调节作用。如果人们从事不道德行为（如攻击行为），他们会因预期到的情感制裁而避免做出攻击性行为（Bandura,2014）。之前的研究表明，高水平的内疚倾向与低水平的攻击行为和反社会行为是相关的（Colasante et al.,2021,Jambon & Smetana,2020,Stuewig et al.,2010）。此外，之前的研究还表明，如果运动员预期用攻击获得比赛胜利产生的内疚越强，他在未来从事主动性攻击行为的可能性就会越低（Stanger et al.,2012），人们体验到的或预期到的内疚越多，越不可能做出攻击性行为（Stanger et al.,2016,Stanger et al.,2012）。

但是正如以往研究所说，攻击是一个复杂的行为，在日常生活中我们经常见到动机不同的两类攻击，即主动性攻击和反应性攻击，且二者的发展和形成机制有所不同（Elbert et al.,2018,Dambacher et al.,2015）。根据攻击的社会信息加工理论认为，结果预期是主动性攻击的主要心理机制（Crick & Dodge,1996）。预期内疚是攻击结果预期的重要组成部分，据此可以推测预期内疚是抵御主动性攻击的重要因素。同样的，反应性攻击也会涉及伤害他人的意图和行为，亦属于不道德行为

（李芮，夏凌翔，2021，Anderson & Bushman，2002）。因而内疚也会对反应性攻击具有抵御作用。目前的研究并未进一步具体探究内疚与主动性−反应性攻击的关系。为了更好地降低和预防这两类攻击，分别找出二者的影响因素是非常重要的。因此本研究采用两个时间点的纵向研究探究内疚与主动性−反应性攻击的纵向预测关系。

一、研究方法

（一）被试

同上。该研究的样本来自本课题组的一项纵向的用以探究攻击的心理机制和影响因素的数据集。该数据集采集了四所高校的大学生的数据。目前共收集三次数据。第一次与第二次数据采集间隔 6 个月。第二次与第三次间隔 12 个月。所有的收集工作均在所在学校，由该校辅导员协助完成。在收集数据前对协助的辅导员进行了相应的培训，并告知参加者该调查的目的，他们自愿参加该测试，并可以随时退出。每次测试完成后，每个人会得到 15 元的报酬。

（二）测量工具

1. 内疚问卷

采用内疚−羞耻感倾向量表（Guilt and Shame Proneness scale, GASP）（Cohen et al.，2011）中内疚−消极的行为评价倾向和内疚−弥补倾向两个维度的八个题目的均分评估个体的内疚倾向水平。被试被要求在七级量表上评价每个题目。得分越高代表内疚倾向水平越高。该量表已被应用在中国样本中，并且被证明具有良好的内部一致性和结构效度（Zhu, Feng et al.，2019）。在本样本中，内疚倾向测量题目的内部一致性系数分别为 0.92（第一个时间点，T1），0.95（第二个时间点，T2）。

2. 反应性−主动性攻击问卷

用有 23 个题目的反应性−主动性攻击问卷（Raine et al.，2006）测量个体的主动性攻击和反应性攻击水平。其中 12 个题目用来评价个体的主动性攻击（如为了赢得比赛而伤害他人）；11 个题目被用来测量个体的反应性攻击（如当有人惹我的时候，我很愤怒）。被试被要求评价他们做出相应的攻击行为的频率。在中国样本中该量表也具有很好的信效度（张万里等，2014）。在当前的样本中，反应性攻击的内部一致性系数在两次测量中分别为 0.86（T1），0.88（T2）；主动性攻击的内部一致性系数在两次测量中分别为 0.91（T1），0.95（T2）。

（三）数据分析

首先，我们用 SPSS24.0 计算了各个变量的相关。然后，采用交叉滞后模型的分析方法来探究内疚与主动性攻击和反应性攻击的纵向关系。

二、结果

表 6.2.1 呈现了各个变量描述统计和相关分析的结果，结果表明，在两个时间点上内疚倾向与主动性攻击和反应性均为负相关关系。

表 6.2.1　描述统计和变量间的相关分析（$n = 940$）

变量	平均数	标准差	1	2	3	4	5	6	7
1. 年龄	19.65	0.83	1						
2. 性别	——	——	−0.02	1					
3. 内疚 1	5.87	1.14	−0.04	0.22***	1				
4. 内疚 2	6.03	1.18	−0.06	0.22***	0.47***	1			
5. 主动性攻击 1	1.06	0.18	0.07*	−0.15***	−0.29***	−0.20***	1		
6. 反应性攻击 1	1.57	0.37	−0.04	−0.12***	−0.16***	−0.09**	0.18***	1	
7. 主动性攻击 2	1.08	0.24	0.01	−0.22***	−0.28***	−0.34***	0.20***	0.48***	1
8. 反应性攻击 2	1.50	0.37	−0.01	0.10**	0.08*	−0.03	0.34***	0.30	−0.02

注：1 = 时间点 1；2 = 时间点 2；性别被编码为 0 和 1，0 为女，1 为男；*$p < 0.05$；**$p < 0.01$；***$p < 0.001$

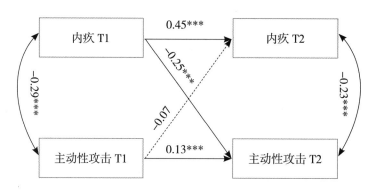

图 6.2.1　内疚与主动性攻击的交叉滞后模型

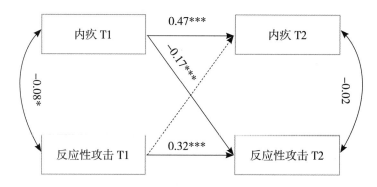

图 6.2.2　内疚与反应性攻击的交叉滞后模型

交叉滞后的模型表明,第一次的内疚可以显著预测六个月后的主动性攻击($\beta = -0.25, p < 0.001$)和反应性攻击($\beta = -0.17, p < 0.001$)。

三、讨论

本研究采用纵向调查的方式,探究内疚对主动性-反应性攻击的抵御作用。交叉滞后模型的结果发现,内疚可以预测 6 个月后的主动性攻击和反应性攻击。该研究第一次揭示了内疚与基于动机划分的攻击类型主动性攻击和反应性攻击的关系,为这两种类型的攻击干预提供了一定的参考,同时为主动性攻击理论的建构提供了实证支持。

　　该结果与之前的研究一致,之前的横断面研究发现,内疚与反社会行为、攻击行为和欺凌行为均呈负相关关系(Chumchal et al.,2024, van Gelder et al.,2022)。纵向研究也表明内疚对攻击的预测作用。同时,实验研究也发现了内疚对运动领域的攻击行为的抵御作用。这一结果也支持了攻击的社会信息加工理论。该理论认为攻击的产生包含了六个阶段,第一个阶段为线索编码阶段;第二个阶段为线索解释阶段;第三个阶段为目标澄清阶段;第四个阶段为反应选择和建构阶段;第五个阶段为反应决策阶段;第六个阶段为行为执行阶段。这六个阶段相互影响。其中结果预期处于攻击的第四个阶段,是影响攻击的主要的因素之一。攻击的积极结果预期会促进攻击的产生,而对攻击结果的负向预期(如内疚)会阻止攻击行为的发生。

　　同时,该结果也支持了班杜拉的社会认知理论。该理论指出,预期的情绪反应会调节道德行为。本研究结果发现,内疚作为一种特质反应,是指预期自己做不道德行为后会产生的不愉快情绪的倾向,这会对伤害他人的攻击行为起到一定的抵御作用,该结果为社会认知理论提供了进一步的证据支持。

第三节

特质主动性攻击与道德认同的纵向关系

道德认同是指作为一个道德的人对个体自我认同和自我概念的重要性程度，是围绕一系列的道德特质组成的自我概念（Hardy & Carlo, 2011）。它是人们道德动机的重要来源之一，亦是道德抑制动机的主要组成部分。它可以调节人们的行为，推动人们为了维护道德自我概念和行为之间的统一性做出亲社会行为，抑制人们做反社会行为（Aquino et al., 2009, Kavussanu & Ring, 2017, Hardy et al., 2015）。

将道德认同作为自我概念的核心个体会更少地做出反社会行为（如，在运动中为了获得胜利而做出的对对手不利的行为）（Kavussanu et al., 2015, Stanger et al., 2013），更多地做出亲社会行为（如捐赠行为）（Aquino et al., 2009）。元分析的结果也表明，道德认同与回避反社会行为的正向相关关系（Hertz & Krettenauer, 2016）。主动性-反应性攻击作为反社会行为的两种不同的表现形式，我们推测道德认同对主动性-反应性攻击都可起到抵御作用。但是目前并未有研究探究道德认同与这两类攻击的关系，且之前研究皆为横断面的研究，很难确定变量间的方向性。因此，本研究采用两个时间点的纵向调查，探究道德认同与主动性攻击和反应性攻击的关系。

一、研究方法

（一）被试

该研究的样本来自本课题组的一项纵向的用以探究攻击的心理机制和影响因素的数据集。该数据集采集了四所高校的大学生的数据。目前共收集三次数据。第一次与第二次数据采集间隔 6 个月。第二次与第三次间隔 12 个月。所有的收集工作均在所在学校，由该校辅导员协助完成。在收集数据前对协助的辅导员进行了相应的培训，并告知参加者该调查的目的，他们自愿参加该测试，并可以随时退出。每次测试完成后，每个人会得到 15 元的报酬。

（二）测量工具

1. 道德认同问卷

个体的道德认同水平用道德认同问卷进行测量（Aquino et al.,2009）。该问卷包含了道德认同内在化和道德认同符号化两个维度组成，共 10 个题目。研究者让被试在五级量表（"1"＝非常不同意，"5"＝非常同意）上描述关心他人的、富有同情心的、公平的、友好的、慷慨的、乐于助人的、勤奋的、诚实的、善良的这些道德特质对自己的重要性（如，成为拥有这些特征的人对我来说很重要）及这些特质在日常生活中的表现程度（如，我在业务时间做的事情能清楚地反映我有如上品质）。道德认同问卷所有题目的平均分被用来衡量个体的道德认同水平，得分越高代表道德认同水平越高。在本样本中，道德认同的内部一致性系数分别为 0.84（第一个时间点，T1），0.85（第二个时间点，T2）。

2. 反应性−主动性攻击问卷

用有 23 个题目的反应性−主动性攻击问卷（Raine et al.,2006）测量个体的主动性攻击和反应性攻击水平。其中 12 个题目用来评价个体的主动性攻击（如为了赢得比赛而伤害他人）；11 个题目被用来测量个体的反应性攻击（如，当有人惹我的时候，我很愤怒）。被试被要求评价他们做出相应的攻击行为的频率。在中国样本中该量表具有很好的信效度（张万里等,2014）。在当前的样本中，反应性攻击的内部一致性系数在两次测量中分别为 0.86（T1），0.88（T2）；主动性攻击的内部一致性系数在两次测量中分别为 0.91（T1），0.95（T2）。

（三）数据分析

首先，我们用 SPSS24.0 计算了各个变量的相关。第二，采用交叉滞后模型的分析方法来探究道德认同与主动性攻击和反应性攻击的纵向关系。

二、结果

表 6.3.1 呈现了各个变量描述统计和相关分析的结果,结果表明在两个时间点上道德认同与主动性攻击和反应性均为负相关关系。

表 6.3.1　描述统计和变量间的相关分析（$n = 940$）

变量	平均数	标准差	1	2	3	4	5	6	7
1. 年龄	19.65	0.83	1						
2. 性别	——	——	−0.02	1					
3. 道德认同 1	5.87	1.14	−0.03	0.24***	1				
4. 道德认同 2	6.03	1.18	−0.06	0.15***	0.45***	1			
5. 主动性攻击 1	1.06	0.18	0.07*	−0.15***	−0.18***	−0.15***	1		
6. 反应性攻击 1	1.57	0.37	−0.006	−0.10**	−0.01	−0.03	0.34***	1	
7. 主动性攻击 2	1.08	0.24	0.005	−0.22***	−0.23***	−0.20***	0.20***	−0.02	1
8. 反应性攻击 2	1.50	0.37	−0.04	−0.12**	−0.22***	−0.12**	0.18***	0.30***	0.48***

注:1 =时间点 1;2 =时间点 2;性别被编码为 0 和 1,1 为男,0 为女;*$p < 0.05$;**$p < 0.01$;***$p < 0.001$

交叉滞后的模型表明,第一次的道德认同可以显著预测六个月后的主动性攻击（$\beta = -0.20, p < 0.001$）和反应性攻击（$\beta = -0.22, p < 0.001$）。

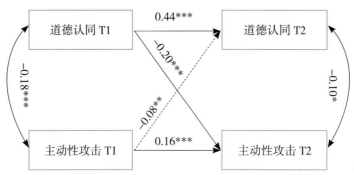

图 6.3.1　道德认同与主动性攻击的交叉滞后模型

注:*$p < 0.05$;**$p < 0.01$;***$p < 0.001$

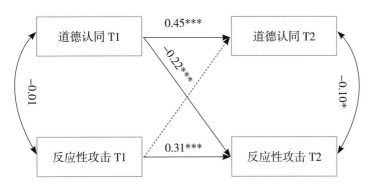

图 6.3.2　道德认同与反应性攻击的交叉滞后模型

注:$*p < 0.05$;$**p < 0.01$;$***p < 0.001$

三、讨论

本研究采用交叉滞后模型,第一次探究了道德认同与主动性攻击和反应性攻击的纵向关系,结果与我们预期是一致的,道德认同可以预测六个月后的主动性攻击和反应性攻击行为。该研究支持了社会认知理论与社会信息加工理论。

社会认知理论与社会信息加工理论认为较强的道德认知,可以增强指导自我调节和促进道德行为的知识结构和脚本的易得性(Lapsley & Hill,2009)。这些道德相关的知识结构会影响整个攻击产生的过程,降低攻击行为的产生。道德认同高的个体被认为有较高的道德标准,更加容易推动个体做一个道德的人,在社会情境下进行加工信息的时候越容易从认知上提取道德个体人的相关知识,这也降低了个体对攻击行为的接受程度,因此更不容易进行攻击行为(Hardy et al.,2015,Kavussanu & Ring,2017)。另外,道德认同也可以通过自我调节的负向情绪(如,内疚)抵御攻击行为(Kavussanu & Ring,2017)。之前的研究表明,道德认同高的个体更容易预期到攻击后产生的内疚情绪,从而更少地做出攻击行为。

本研究提示我们,道德认同作为道德抑制的重要组成部分,可以有效地抵御主动性攻击和反应性攻击。因此,作为父母和教育工作者,可以通过培养学生的道德品质、提高孩子的道德水平增强个体的道德认同水平来降低个体的攻击行为。

第四节

特质主动性攻击与暴力态度的纵向关系

暴力态度是指个体以积极的方式评价和解释暴力行为的反应或倾向的程度（Mills et al.,2002），作为对暴力行为评价的过程是道德准许动机的重要组成部分（Zhu, Zhou et al.,2019）。一般攻击理论认为（Anderson & Bushman,2002），对攻击行为的评价和态度会影响人们是否将攻击行为作为解决问题的方法。评价的其中一个方面，就是判断攻击行为是不是符合自己的自我调节的内部标准（如内化的道德标准和社会规则）。如果个体认为道德行为是符合道德标准和社会规范的、是合理的，个体就更加可能做出攻击行为。之前横向研究表明，暴露态度可以预测人们的攻击行为和六个月后的身体攻击行为（Li et al.,2022）。但是目前，暴力态度是否与预期的一样可以促进主动性攻击，仍然是不清楚的。

主动性攻击是为了自己的利益伤害他人的行为，这与个体的道德标准和社会规范相违背，本身就属于一种不道德的行为，会造成一定的心理冲突（李芮，夏凌翔，2021，Zhu, Zhou et al.,2019）。对暴力和攻击行为持有高积极态度的个体更容易恢复心理平衡，降低或解除道德抑制，做出主动性攻击行为。本研究利用纵向设计，探究暴力态度与主动性攻击的关系。

一、研究方法

（一）被试

该研究的样本来自本课题组的一项纵向的用以探究攻击的心理机制和影响因素的数据集。该数据集采集了四所高校的大学生的数据。目前共收集三次数据。第一次与第二次数据采集间隔 6 个月。第二次与第三次间隔 12 个月。所有的收集工作均在所在学校,由该校辅导员协助完成。在收集数据前对协助的辅导员进行了相应的培训,并告知参加者该调查的目的,他们自愿参加该测试,并可以随时退出。每次测试完成后,每个人会得到 15 元的报酬。

（二）测量工具

1. 暴力态度问卷

暴力态度问卷被用来测量个体的暴力态度（如,痛打那些说我或我家人坏话的人是可以的；使用暴力的人会得到尊重）的认同程度。暴力态度问卷所有题目的平均分被用来衡量个体的暴力态度水平,得分越高代表暴力态度水平越高。在本样本中,暴力态度的内部一致性系数分别为 0.76（第一个时间点,T1）,0.81（第二个时间点,T2）。

2. 反应性−主动性攻击问卷

用有 23 个题目的反应性−主动性攻击问卷（Raine et al.,2006）测量个体的主动性攻击和反应性攻击水平。其中 12 个题目用来评价个体的主动性攻击（如为了赢得比赛而伤害他人）；11 个题目被用来测量个体的反应性攻击（如当有人惹我的时候,我很愤怒）。被试被要求评价他们做出相应的攻击行为的频率。在中国样本中该量表具有很好的信效度（张万里等,2014）。在当前的样本中,反应性攻击的内部一致性系数在两次测量中分别为 0.86（T1）,0.88（T2）；主动性攻击的内部一致性系数在两次测量中分别为 0.91（T1）,0.95（T2）。

（三）数据分析

首先,我们用 SPSS 24.0 对各个变量进行相关分析。然后,采用交叉滞后模型的分析方法,来探究暴力态度与主动性攻击和反应性攻击的纵向关系。

二、数据结果

表 6.4.1 呈现了各个变量描述统计和相关分析的结果,结果表明在两个时间点上,暴力态度与主动性攻击和反应性均为正向相关关系。

交叉滞后的模型表明,第一次的暴力态度可以显著预测六个月后的主动性攻击（$\beta = 0.20, p < 0.001$）和反应性攻击（$\beta = -0.22, p < 0.001$）。

表 6.4.1　描述统计和变量间的相关分析（$n = 940$）

变量	平均数	标准差	1	2	3	4	5	6	7
1. 年龄	19.65	0.83	1						
2. 性别	——	——	−0.02	1					
3. 暴力态度 1	1.91	0.54	0.02	−0.24***	1				
4. 暴力态度 2	1.96	0.60	−0.03	−0.27***	0.46***	1			
5. 主动性攻击 1	1.06	0.18	0.07*	−0.15***	0.39***	0.24***	1		
6. 反应性攻击 1	1.57	0.37	−0.006	0.10**	0.30***	0.10**	0.34***	1	
7. 主动性攻击 2	1.08	0.24	0.005	−0.22***	0.20***	0.47***	0.20***	−0.02	1
8. 反应性攻击 2	1.50	0.37	−0.04	−0.12**	0.30***	0.34***	0.18***	0.30***	0.48***

注：1 = 时间点 1；2 = 时间点 2；性别被编码为 0 和 1，1 为男，0 为女；*$p < 0.05$；**$p < 0.01$；***$p < 0.001$

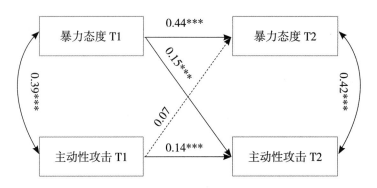

图 6.4.1　暴力态度与主动性攻击的交叉滞后模型

注：*$p < 0.05$；**$p < 0.01$；***$p < 0.001$

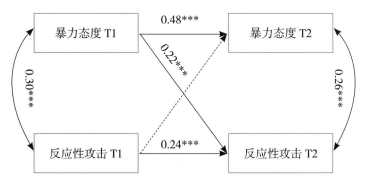

图 6.4.2 暴力态度与反应性攻击的交叉滞后模型

注：$*p < 0.05$；$**p < 0.01$；$***p < 0.001$

三、讨论

本研究采用交叉滞后模型检验了暴力态度与主动性攻击的关系,结果表明,暴力态度可以预测六个月后的主动性攻击。该结果支持了一般攻击模型和主动性攻击的动机模型,为主动性攻击的动机模型提供了进一步的数据支持。

主动性攻击动机模型认为道德准许动机是主动性攻击的趋近动机,对主动性攻击有促进作用,暴力态度作为道德准许动机的重要成分之一,对主动性攻击也有一定的促进作用(Zhu et al.,2022)。同时,该结果也与一般攻击模型相一致。一般攻击模型认为,暴力态度作为输入变量是攻击的重要的影响因素,对攻击的积极态度会促进攻击的产生(Anderson & Bushman,2002)。

另外,本研究也发现了暴力态度对反应性攻击的纵向预测作用。这与最近的研究也是一致的。最近的研究表明,道德准许动机(如道德推脱)是主动性攻击和反应性攻击共有的动机,对二者皆起到促进的作用(李芮,夏凌翔,2021,Li et al.,2022)。无论是主动性攻击还是反应性攻击,皆涉及伤害他人的意图,这通常会与个体或社会的道德准则相矛盾,产生心理冲突。此时若想做出攻击行为,就需要道德准许动机发挥作用,减弱道德系统的抑制。暴力态度使个体认为用攻击行为解决问题是合理的、可以接受的,即从个体的内部减轻了自己的道德抑制,从而更容易做出主动性攻击和反应性攻击行为。

该结果也提示我们,想要降低个体的主动性攻击行为,培养个体对攻击的正确态度是非常重要的。具体来讲,家长和教师需要相互配合,关注学生对暴力事件或攻击行为的态度,引导学生正确理解暴力或攻击行为带来的危害,帮助他们树立正确的攻击观念和态度。

参考文献

[1]Aarts E, Roelofs A, van Turennout M 2009. Attentional control of task and response in lateral and medial frontal cortex: Brain activity and reaction time distributions. Neuropsychologia [J], 47(10): 2089-2099.

[2]Abelson R P 1981. Psychological status of the script concept. American Psychologist [J], 36: 715.

[3]Allison T, Puce A, McCarthy G 2000. Social perception from visual cues: Role of the sts region. Trends in Cognitive Sciences [J], 4(7): 267-278.

[4]Anderson, Godfrey 1987. Thoughts about actions: The effects of specificity and availability of imagined behavioral scripts on expectations about oneself and others. Social cognition [J], 5(3): 238-258.

[5]Anderson C A, Bushman B J 2002. Human aggression. Annual Review of Psychology [J], 53(1): 27-51.

[6]Anderson C A, Murphy C R 2003. Violent video games and aggressive behavior in young women. Aggressive Behavior [J], 29(5): 423-429.

[7]Anderson S W, Barrash J, Bechara A, et al. 2006. Impairments of emotion and real-world complex behavior following childhood- or adult-onset damage to ventromedial prefrontal cortex. Journal of the International Neuropsychological Society [J], 12(5): 224-235.

[8]Andersson L, Pearson C 1996. Violence, aggression, and coercive actions. Personnel Psychology [J], 49(2): 499.

[9]Ang R P, Goh D H 2010. Cyberbullying among adolescents: The role of affective and cognitive empathy, and gender. Child Psychiatry and Human Development [J], 41: 387-397.

[10]Aquino K, Freeman D, Reed II A, et al. 2009. Testing a social-cognitive model of moral behavior: The interactive influence of situations and moral identity centrality. Journal of Personality and Social Psychology [J], 97(1): 123.

[11]Araneda R, De Volder A G, Deggouj N, et al. 2015. Altered top-down cognitive control and auditory processing in tinnitus: Evidences from auditory and visual spatial stroop. Restorative Neurology and Neuroscience [J], 33(1): 67-80.

[12]Arsenio W F, Gold J, Adams E 2004. Adolescents' emotion expectancies regarding aggressive and nonaggressive events: Connections with behavior problems. Journal of Experimental Child Psychology [J], 89(4): 338.

[13]Ashburner J 2007. A fast diffeomorphic image registration algorithm. Neuroimage [J], 38(1): 95-113.

[14]Atkins, Stoff, Osborne, et al. 1993. Distinguishing instrumental and hostile aggression: Does it make a difference? Journal of Abnormal Child Psychology [J], 21: 355.

[15]Atkins M S, Stoff D M 1993. Instrumental and hostile aggression in childhood disruptive behavior disorders. Journal of Abnormal Child Psychology [J], 21(2): 165-178.

[16]Austin G, Bondu R, Elsner B 2017. Longitudinal relations between children's cognitive and affective theory of mind with reactive and proactive aggression. Aggressive Behavior [J], 43(5): 440-449.

[17]Bach D R, Symmonds M, Barnes G 2017. Whole-brain neural dynamics of probabilistic reward prediction. Journal of Neuroscience [J],37(14): 3789-3798.

[18]Bandura A 1991. Social cognitive theory of self-regulation. Organizational

Behavior and Human Decision Processes [J], 50(2): 248-287.

[19]Bandura A 1999. Social cognitive theory: An agentic perspective. Asian Journal of Social Psychology [J], 2(1): 21-41.

[20]Bandura A 2002. Selective moral disengagement in the exercise of moral agency. Journal of Moral Education [J], 31(2): 101-119.

[21]Bandura A. Social cognitive theory of moral thought and action[C]//Handbook of moral behavior and development.Psychology Press,2014:45-103.

[22]Bandura A, Barbaranelli C, Caprara G V, et al. 1996. Mechanisms of moral disengagement in the exercise of moral agency. Journal of Personality and Social Psychology [J], 71(2): 364.

[23]Barbey A K, Sloman S A 2007. Base-rate respect: From ecological rationality to dual processes. Behavioral and Brain Sciences [J], 30(3): 241-254.

[24]Barker E D, Séguin J R, White H R, et al. 2007. Developmental trajectories of male physical violence and theft: Relations to neurocognitive performance. Archives of General Psychiatry [J], 64(5): 592-599.

[25]Bastin C, Harrison B J, Davey C, et al. 2016. Feelings of shame, embarrassment and guilt and their neural correlates: A systematic review. Neuroscience & Biobehavioral Reviews [J], 71: 455-471.

[26]Batson C D, Lishner D A, Carpenter A, et al. 2003. "... As you would have them do unto you": Does imagining yourself in the other's place stimulate moral action? Personality and Social Psychology Bulletin [J], 29(9): 1190-1201.

[27]Belacchi C, Farina E 2019. Feeling and thinking of others: Affective and cognitive empathy and emotion comprehension in prosocial/hostile preschoolers. Aggressive Behavior [J], 38(2): 150-165.

[28]Bengtsson M 2016. How to plan and perform a qualitative study using content analysis. NursingPlus Open [J], 2: 8-14.

[29]Bernhardt B C, Singer T 2012. The neural basis of empathy. Annual Review of Neuroscience [J], 35: 1-23.

[30]Bezdjian S, Tuvblad C, Raine A, et al. 2011. The genetic and environmental covariation among psychopathic personality traits, and reactive and proactive aggression in childhood. Child Development [J], 82(4): 1267-1281.

[31]Biswal B, Zerrin Yetkin F, Haughton V M, et al. 1995. Functional connectivity in the motor cortex of resting human brain using echo-planar MRI. Magnetic Resonance in Medicine [J], 34(4): 537-541.

[32]Blair K S, Smith B W, Mitchell D G V, et al. 2007. Modulation of emotion by cognition and cognition by emotion. Neuroimage [J], 35(1): 430-440.

[33]Blair R J 1995. A cognitive developmental approach to mortality: Investigating the psychopath. Cognition [J], 57(1): 1-29.

[34]Blasey C M, White C D, Warsofsky I S 2002. A developmental fmri study of the stroop color-word task. Neuroimage [J], 16(1): 61-75.

[35]Bobadilla L, Wampler M, Taylor J 2012. Proactive and reactive aggression are associated with different physiological and personality profiles. Journal of Social & Clinical Psychology [J], 31(5): 458-487.

[36]Botvinick M, Nystrom L E, Fissell K, et al. 1999. Conflict monitoring versus selection-for-action in anterior cingulate cortex. Nature [J], 402(6758): 179-181.

[37]Botvinick M M, Braver T S, Barch D M, et al. 2001. Conflict monitoring and cognitive control. Psychological Review [J], 108(3): 624-652.

[38]Botvinick M M, Cohen J D, Carter C S 2004. Conflict monitoring and anterior cingulate cortex: An update. Trends in Cognitive Science [J], 8(12): 539-546.

[39]Brown K, Atkins M S, Osborne M L, et al. 1996. A revised teacher rating scale for reactive and proactive aggression. Journal of Abnormal Child Psychology [J], 24: 473-480.

[40]Brugman S, Lobbestael J, Arntz A, et al. 2015. Identifying cognitive predictors of reactive and proactive aggression. Aggressive Behavior [J], 41(1): 51-64.

[41]Bunge S A, Hazeltine E, Scanlon M D, et al. 2002. Dissociable contributions of prefrontal and parietal cortices to response selection. Neuroimage [J], 17(3): 1562-1571.

[42]Buss A H, Perry M 1992. The aggression questionnaire. Journal of Personality Social Psychology [J], 63(3): 452-459.

[43]Bussey K, Fitzpatrick S. Moral disengagement and cyber bullying associated with cyber witnesses and victims[C]//Biennial Meeting of the Society for Research on Adolescence (15th: 2014).2014

[44]Bussey K, Fitzpatrick S, Raman A 2015. The role of moral disengagement and self-efficacy in cyberbullying. Journal of School Violence [J], 14(1): 30-46.

[45]Bussey K, Quinn C, Dobson J 2015. The moderating role of empathic concern and perspective taking on the relationship between moral disengagement and aggression. Merrill-Palmer Quarterly (Wayne State University. Press) [J], 61(1): 10-29.

[46]Bzdok D, Schilbach L, Vogeley K, et al. 2012. Parsing the neural correlates of moral cognition: Ale meta-analysis on morality, theory of mind, and empathy. Brain Structure Function [J], 217: 783-796.

[47]Cabré J 2014. Cyberbulling: Bullying in the digital age. C&SC - Comunication & Social Change [J], 2(1): 107-108.

[48]Calabrese D R, Wang L, Harms M P, et al. 2008. Cingulate gyrus neuroanatomy in schizophrenia subjects and their non-psychotic siblings. Schizophrenia Research [J], 104(1-3): 61-70.

[49]Caprara G V, Fida R, Vecchione M, et al. 2009. Assessing civic moral disengagement: Dimensionality and construct validity. Personality and Individual Differences [J], 47(5): 504-509.

[50]Caprara G V, Gerbino M, Perinelli E, et al. 2017. Individual differences in personality associated with aggressive behavior among adolescents referred for externalizing behavior problems. Journal of Psychopathology and Behavioral Assessment [J], 39: 680-692.

[51]Caravita S C, Di Blasio P, Salmivalli C 2010. Early adolescents' participation in bullying: Is tom involved? The Journal of Early Adolescence [J], 30(1): 138-170.

[52]Carter C, Macdonald A, Stenger V, et al. 2001. 11. Dissociating the contributions of dlpfc and anterior cingulate to executive control: An event-related fmri study. Brain Cognition [J], 47(1-2): 66-69.

[53]Caspi A, Roberts B W, Shiner R L 2005. Personality development: Stability and change. Annual Review Psychology [J], 56: 453-484.

[54]Castro, Merk, Koops, et al. 2005. Emotions in social information processing and their relations with reactive and proactive aggression in referred aggressive boys. Journal of Clinical Child and Adolescent Psychology [J], 34(1): 105-116.

[55]Cherek D R 1981. Effects of smoking different doses of nicotine on human aggressive behavior. Psychopharmacology [J], 75: 339-345.

[56]Cherepkova E V, Maksimov V N, Aftanas L I, et al. 2015. Genotype and haplotype frequencies of the drd4 vntr polymorphism in the men with no history of adhd, convicted of violent crimes. Journal of Criminal Justice [J], 43(6): 464-469.

[57]Chumchal M J, Narvey C S, Connolly E J 2024. Does parental incarceration condition the relationship between childhood lack of guilt and criminal justice involvement? A life-course analysis. Crime & Delinquency [J], 70(3): 699-727.

[58]Cieslik E C, Zilles K, Caspers S, et al. 2013. Is there "one" dlpfc in cognitive action control? Evidence for heterogeneity from co-activation-based parcellation. Cerebral Cortex [J], 23(11): 2677-2689.

[59]Cima M, Tonnaer F, Lobbestael J 2007. Moral emotions in predatory and

impulsive offenders using implicit measures. Netherlands Journal of Psychology [J], 63: 133-142.

[60]Civai C, Crescentini C, Rustichini A, et al. 2012. Equality versus self-interest in the brain: Differential roles of anterior insula and medial prefrontal cortex. Neuroimage [J], 62(1): 102-112.

[61]Cocchi L, Halford G S, Zalesky A, et al. 2014. Complexity in relational processing predicts changes in functional brain network dynamics. Cerebral Cortex (New York, N.Y. : 1991) [J], 24(9): 2283-2296.

[62]Cohen T R, Wolf S T, Panter A T, et al. 2011. Introducing the gasp scale: A new measure of guilt and shame proneness. Journal of Personality and Social Psychology [J], 100(5): 947-966.

[63]Colasante T, Jambon M, Gao X, et al. 2021. A process model linking physiological arousal and fear recognition to aggression via guilt in middle childhood. Development and Psychopathology [J], 33(1): 109-121.

[64]Collins H R, Corbly C R, Liu X, et al. 2012. Too little, too late or too much, too early? Differential hemodynamics of response inhibition in high and low sensation seekers. Brain Research [J], 1481: 1-12.

[65]Crespi B J 2016. Oxytocin, testosterone, and human social cognition. Biological Reviews [J], 91(2): 390-408.

[66]Crick N R, Dodge K A 1996. Social information-processing mechanisms in reactive and proactive aggression. Child Development [J], 67(3): 993-1002.

[67]Crockett M J, Siegel J Z, Kurth-Nelson Z, et al. 2017. Moral transgressions corrupt neural representations of value. Nature Neuroscience [J], 20(6): 879-885.

[68]Curtis C E, D'Esposito M 2003. Persistent activity in the prefrontal cortex during working memory. Trends in Cognitive Sciences [J], 7(9): 415-423.

[69]Cushman F, Gray K, Gaffey A, et al. 2012. Simulating murder: The aversion

to harmful action. Emotion [J], 12(1): 2-7.

[70]Dambacher F, Schuhmann T, Lobbestael J, et al. 2015. Reducing proactive aggression through non-invasive brain stimulation. Social Cognitive & Affective Neuroscience [J], 10(10): 1303-1309.

[71]Dodel R, Bodden M E, Kübler D, et al. 2013. Comparing the neural correlates of affective and cognitive theory of mind using fmri: Involvement of the basal ganglia in affective theory of mind. Advances in Cognitive Psychology [J], 9(1): 32-43.

[72]Dodge, Lochman, Harnish, et al. 1997. Reactive and proactive aggression in school children and psychiatrically impaired chronically assaultive youth. Journal of Abnormal Psychology [J], 106(1): 37.

[73]Dodge K A, Coie J D 1987. Social-information-processing factors in reactive and proactive aggression in children's peer groups. Journal of Personality and Social Psychology [J], 53(6): 1146.

[74]Dodge K A, Crick N R 1990. Social information-processing bases of aggressive behavior in children. Personality & Social Psychology Bulletin [J], 16(1): 8-22.

[75]Dodge K A, Lochman J E, Harnish J D, et al. 1997. Reactive and proactive aggression in school children and psychiatrically impaired chronically assaultive youth. Journal of Abnormal Psychology [J], 106(1): 37.

[76]Domínguez-Borràs J, Trautmann S-A, Erhard P, et al. 2009. Emotional context enhances auditory novelty processing in superior temporal gyrus. Cerebral Cortex [J], 19(7): 1521-1529.

[77]Duncan J 2001. An adaptive coding model of neural function in prefrontal cortex. Nature Reviews Neuroscience [J], 2(11): 820-829.

[78]Durston S, Casey B J 2006. What have we learned about cognitive development from neuroimaging? Neuropsychologia [J], 44(11): 2149-2157.

[79]Elbert T, Schauer M, Moran J K 2018. Two pedals drive the bi-cycle of violence: Reactive and appetitive aggression. Current Opinion in Psychology [J], 19: 135-138.

[80]Elo S, Kyngäs H 2008. The qualitative content analysis process. Journal of Advanced Nursing [J], 62(1): 107-115.

[81]Eres R, Louis W R, Molenberghs P 2018. Common and distinct neural networks involved in fmri studies investigating morality: An ale meta-analysis. Social Neuroscience [J], 13(4): 384-398.

[82]Ermer E, Cope L M, Nyalakanti P K, et al. 2012. Aberrant paralimbic gray matter in criminal psychopathy. Journal of Abnormal Psychology [J], 121(3): 649-658.

[83]Etkin A, Wager T D 2007. Functional neuroimaging of anxiety: A meta-analysis of emotional processing in ptsd, social anxiety disorder, and specific phobia. American Journal of Psychiatry [J], 164(10): 1476-1488.

[84]Euler F, Steinlin C, Stadler C 2017. Distinct profiles of reactive and proactive aggression in adolescents: Associations with cognitive and affective empathy. Child and Adolescent Psychiatry and Mental Health [J], 11: 1-14.

[85]Evans T M, Kochalka J, Ngoon T J, et al. 2015. Brain structural integrity and intrinsic functional connectivity forecast 6 year longitudinal growth in children's numerical abilities. Journal of Neuroscience [J], 35(33): 11743-11750.

[86]Fan Y, Duncan N W, de Greck M, et al. 2011. Is there a core neural network in empathy? An fmri based quantitative meta-analysis. Neuroscience and Biobehavioral Reviews [J], 35(3): 903-911.

[87]Farmer C A, Aman M G 2009. Development of the children's scale of hostility and aggression: Reactive/proactive (c-sharp). Research in Developmental Disabilities [J], 30(6): 1155-1167.

[88]Farmer C A, Kaat A J, Mazurek M O, et al. 2016. Confirmation of the factor

structure and measurement invariance of the children's scale of hostility and aggression: Reactive/proactive in clinic-referred children with and without autism spectrum disorder. Journal of Child Adolescent Psychopharmacology [J], 26(1): 10-18.

[89]Fazel S, Långström N, Hjern A, et al. 2009. Schizophrenia, substance abuse, and violent crime. Jama [J], 301(19): 2016-2023.

[90]Fede S J, Kiehl K A 2020. Meta-analysis of the moral brain: Patterns of neural engagement assessed using multilevel kernel density analysis. Brain Imaging and Behavior [J], 14(2): 534-547.

[91]FeldmanHall O, Dalgleish T, Evans D, et al. 2015. Empathic concern drives costly altruism. Neuroimage [J], 105: 347-356.

[92]FeldmanHall O, Dalgleish T, Mobbs D 2013. Alexithymia decreases altruism in real social decisions. Cortex [J], 49(3): 899-904.

[93]FeldmanHall O, Dalgleish T, Thompson R, et al. 2012. Differential neural circuitry and self-interest in real vs hypothetical moral decisions. Social Cognitive and Affective Neuroscience [J], 7(7): 743-751.

[94]Fellows L K 2007. Advances in understanding ventromedial prefrontal function: The accountant joins the executive. Neurology [J], 68(13): 991-995.

[95]Festinger A. A theory of cognitive dissonance[M]// America: Stanford University Press,1957.

[96]Forgays D G, Forgays D K, Spielberger C D 1997. Factor structure of the state-trait anger expression inventory. Journal of Personality Assessment [J], 69(3): 497-507.

[97]Fourie M M, Thomas K G, Amodio D M, et al. 2014. Neural correlates of experienced moral emotion: An fmri investigation of emotion in response to prejudice feedback. Social Neuroscience [J], 9(2): 203-218.

[98]Fragkaki I, Cima M, Verhagen M, et al. 2019. Oxytocin receptor gene (oxtr)

and deviant peer affiliation: A gene–environment interaction in adolescent antisocial behavior. Journal of Youth and Adolescence [J], 48: 86-101.

[99]Friston K J 2011. Functional and effective connectivity: A review. Brain Connectivity [J], 1(1): 13-36.

[100]Gao L, Liu J, Wang W, et al. 2020. Moral disengagement and adolescents' cyberbullying perpetration: Student-student relationship and gender as moderators. Children and Youth Services Review [J], 116: 105119.

[101]Gianluca, Gini, Tiziana, et al. 2014. Moral disengagement among children and youth: A meta-analytic review of links to aggressive behavior. Aggressive Behavior [J],40(1): 56-68.

[102]Gifuni A J, Kendal A, Jollant F 2017. Neural mapping of guilt: A quantitative meta-analysis of functional imaging studies. Brain Imaging and Behavior [J], 11: 1164-1178.

[103]Gini G, Pozzoli T, Hymel S 2014. Moral disengagement among children and youth: A meta-analytic review of links to aggressive behavior. Aggressive Behavior [J], 40(1): 56-68.

[104]Graneheim U H, Lundman B 2004. Qualitative content analysis in nursing research: Concepts, procedures and measures to achieve trustworthiness. Nurse Education Today [J], 24(2): 105-112.

[105]Greene J D, Sommerville R B, Nystrom L E, et al. 2001. An fmri investigation of emotional engagement in moral judgment. Science [J], 293(5537): 2105-2108.

[106]Haidt J 2001. The emotional dog and its rational tail: A social intuitionist approach to moral judgment. Psychological Review [J], 108(4): 814-834.

[107]Haidt J. Elevation and the positive psychology of morality[C]//Flourishing: Positive psychology and the life well-lived. America: American Psychological

Association, 2003: 275-289.

[108]Han H 2017. Neural correlates of moral sensitivity and moral judgment associated with brain circuitries of selfhood: A meta-analysis. Journal of Moral Education [J], 46(2): 97-113.

[109]Han H 2020. Comment on raine (2019) 'the neuromoral theory of antisocial, violent, and psychopathic behavior'. F1000Research [J], 9: 274.

[110]Han H, Chen J, Jeong C, et al. 2016. Influence of the cortical midline structures on moral emotion and motivation in moral decision-making. Behavioural Brain Research [J], 302: 237-251.

[111]Han H, Glover G H, Jeong C 2014. Cultural influences on the neural correlate of moral decision making processes. Behavioural brain research [J], 259: 215-228.

[112]Hardy S A, Bean D S, Olsen J A 2015. Moral identity and adolescent prosocial and antisocial behaviors: Interactions with moral disengagement and self-regulation. Journal of Youth and Adolescence [J], 44(8): 1542-1554.

[113]Hardy S A, Carlo G 2011. Moral identity: What is it, how does it develop, and is it linked to moral action? Child Development Perspectives [J], 5(3): 212-218.

[114]Hazlett E A, New A S, Newmark R, et al. 2005. Reduced anterior and posterior cingulate gray matter in borderline personality disorder. Biological Psychiatry [J], 58(8): 614-623.

[115]Hecht L K, Latzman R D 2018. Exploring the differential associations between components of executive functioning and reactive and proactive aggression. Journal of Clinical and Experimental Neuropsychology [J], 40(1): 62-74.

[116]Helseth S A, Waschbusch D A, King S, et al. 2015. Aggression in children with conduct problems and callous-unemotional traits: Social information processing and response to peer provocation. Journal of Abnormal Child Psychology [J], 43(8): 1503-1514.

[117]Hertz S G, Krettenauer T 2016. Does moral identity effectively predict moral behavior?: A meta-analysis. Review of General Psychology [J], 20(2): 129-140.

[118]Herwig U, Baumgartner T, Kaffenberger T, et al. 2007. Modulation of anticipatory emotion and perception processing by cognitive control. Neuroimage [J], 37(2): 652-662.

[119]Hoffman, M. L. (2000) Empathy and Moral Development: Implications for Caring and Justice: New York, United States of America: Cambridge University Press. 2006, 141-147

[120]Hoseinian S, Nooripour R, Afrooz G A 2019. Effect of mindfulness-based training on aggression and empathy of adolescents at the juvenile correction and rehabilitation center. Journal of Research and Health [J], 9(6): 505-515.

[121]Hu C, Jiang X 2014. An emotion regulation role of ventromedial prefrontal cortex in moral judgment. Frontiers in Human Neuroscience [J], 8: 873.

[122]Hu J, Li Y, Yin Y, et al. 2017. How do self-interest and other-need interact in the brain to determine altruistic behavior? Neuroimage [J], 157: 598-611.

[123]Hu L t, Bentler P M 1999. Cutoff criteria for fit indexes in covariance structure analysis: Conventional criteria versus new alternatives. Structural Equation Modeling [J], 6(1): 1-55.

[124]Hubbard J A, McAuliffe M D, Morrow M T, et al. 2010. Reactive and proactive aggression in childhood and adolescence: Precursors, outcomes, processes, experiences, and measurement. Journal of Personality [J], 78(1): 95-118.

[125]Huesmann L 1988. An information processing model for the development of aggression. Aggressive Behavior [J], 14(1): 13-24.

[126]Huesmann L R, Guerra N G 1997. Children's normative beliefs about aggression and aggressive behavior. Journal of Personality and Social Psychology [J], 72(2): 408.

[127]Hyde L W, Shaw D S, Moilanen K L 2010. Developmental precursors of moral disengagement and the role of moral disengagement in the development of antisocial behavior. Journal of Abnormal Child Psychology [J], 38: 197-209.

[128]Jackson P L, Brunet EMeltzoff A N, Decety J 2006. Empathy examined through the neural mechanisms involved in imagining how i feel versus how you feel pain. Neuropsychologia [J], 44(5): 752-761.

[129]Jambon M, Smetana J G 2020. Self-reported moral emotions and physical and relational aggression in early childhood: A social domain approach. Child Development [J], 91(1): e92-e107.

[130]Jeroen M, Baar V, Luke J, et al. 2019. The computational and neural substrates of moral strategies in social decision-making. Nature Communications [J],10(1):1483.

[131]Jiang Y, ., Guo X, ., Zhang J, ., et al. 2015. Abnormalities of cortical structures in adolescent-onset conduct disorder. Psychological Medicine [J], 45(16): 3467-3479.

[132]Jolliffe D, Farrington D P 2006. Development and validation of the basic empathy scale. Journal of Adolescence [J], 29(4): 589-611.

[133]Kavussanu M, Ring C 2017. Moral identity predicts doping likelihood via moral disengagement and anticipated guilt. Journal of Sport and Exercise Psychology [J], 39(4): 293-301.

[134]Kavussanu M, Stanger N, Ring C 2015. The effects of moral identity on moral emotion and antisocial behavior in sport. Sport, Exercise, and Performance Psychology [J], 4(4): 268.

[135]Kedia G, Berthoz S, Wessa M, et al. 2008. An agent harms a victim: A functional magnetic resonance imaging study on specific moral emotions. Journal of Cognitive Neuroscience [J], 20(10): 1788-1798.

[136]Kempes M, Matthys W, Maassen G, et al. 2006. A parent questionnaire for distinguishing between reactive and proactive aggression in children. European Child and Adolescent Psychiatry [J], 15: 38-45.

[137]Kiefer M, Ahlegian M, Spitzer M 2005. Working memory capacity, indirect semantic priming, and stroop interference: Pattern of interindividual prefrontal performance differences in healthy volunteers. Neuropsychology [J], 19(3): 332-344.

[138]Kiefer M, Martens U 2010. Attentional sensitization of unconscious cognition: Task sets modulate subsequent masked semantic priming. Journal Experimental Psychology [J], 139(3): 464-489.

[139]Kiefer M, Marzinzik F, Weisbrod M, et al. 1998. The time course of brain activations during response inhibition: Evidence from event-related potentials in a go/no go task. Neuroreport [J], 9(4): 765-770.

[140]Kim S J, Kim S E, Kim H E, et al. 2017. Altered functional connectivity of the default mode network in low-empathy subjects. Yonsei Medical Journal [J], 58(5): 1061-1065.

[141]Kireev M, Korotkov A, Medvedeva N, et al. 2013. Possible role of an error detection mechanism in brain processing of deception: Pet-fmri study. International Journal of Psychophysiology [J], 90(3): 291-299.

[142]Kish-Gephart J, Detert J, Treviño L K, et al. 2014. Situational moral disengagement: Can the effects of self-interest be mitigated? Journal of Business Ethics [J], 125: 267-285.

[143]Knutson B, Cooper J C 2005. Functional magnetic resonance imaging of reward prediction. Current Opinion in Neurology [J], 18(4): 411-417.

[144]Koenigs M, Young L, Adolphs R, et al. 2007. Damage to the prefrontal cortex increases utilitarian moral judgements. Nature [J], 446(7138): 908-911.

[145]Kohls G, Perino M T, Taylor J M, et al. 2013. The nucleus accumbens is

involved in both the pursuit of social reward and the avoidance of social punishment. Neuropsychologia [J], 51(11): 2062-2069.

[146]Kohn N, Eickhoff S B, Scheller M, et al. 2014. Neural network of cognitive emotion regulation--an ale meta-analysis and macm analysis. Neuroimage [J], 87: 345-355.

[147]Kong F, He Q, Liu X, et al. 2018. Amplitude of low-frequency fluctuations during resting state differentially predicts authentic and hubristic pride. Journal of Personality [J], 86(2): 213-219.

[148]Kong F, Wang X, Hu S, et al. 2015. Neural correlates of psychological resilience and their relation to life satisfaction in a sample of healthy young adults. Neuroimage [J], 123: 165-172.

[149]Kramer U M, Jansma H, Tempelmann C, et al. 2007. Tit-for-tat: The neural basis of reactive aggression. Neuroimage [J], 38(1): 203-211.

[150]Kroll J, Egan E 2004. Psychiatry, moral worry, and the moral emotions. Journal of Psychiatric Practice [J], 10(6): 352-360.

[151]Laird A R, Fox P M, Eickhoff S B, et al. 2011. Behavioral interpretations of intrinsic connectivity networks. Journal of Cognitive Neuroscience [J], 23(12): 4022-4037.

[152]Lamm C, Decety J, Singer T 2011. Meta-analytic evidence for common and distinct neural networks associated with directly experienced pain and empathy for pain. Neuroimage [J], 54(3): 2492-2502.

[153]Lapsley D K, Hill P L 2009. The development of the moral personality. personality, identity and character: Explorations in Moral Psychology [J]: 185-213.

[154]Lazebny O, Kulikov A, Butovskaya P, et al. 2020. Analysis of aggressive behavior in young russian males using 250 snp markers. Russian Journal of Genetics [J], 56: 1118-1128.

[155]Leech R, Sharp D J 2014. The role of the posterior cingulate cortex in cognition and disease. Brain [J], 137(1): 12-32.

[156]Levenson M R, Kiehl K A, Fitzpatrick C M 1995. Assessing psychopathic attributes in a noninstitutionalized population. Journal of Personality and Social Psychology [J], 68(1): 151.

[157]Li R, Yang R, Huang M, et al. 2022. The longitudinal effect of violent attitude on physical aggression and the underlying motivational mechanisms. Personality and Individual Differences [J], 188: 111476.

[158]Li W, Li Y, Yang W, et al. 2015. Brain structures and functional connectivity associated with individual differences in internet tendency in healthy young adults. Neuropsychologia [J], 70: 134-144.

[159]Li W, Yang J, Zhang Q, et al. 2016. The association between resting functional connectivity and visual creativity. Scientific Reports [J], 6(1): 25395.

[160]Lindquist K A, Wager T D, Kober H, et al. 2012. The brain basis of emotion: A meta-analytic review. Behavioral and Brain Sciences [J], 35(3): 121-143.

[161]Little T D, Henrich C C, Jones S M, et al. 2003. Disentangling the "whys" from the "whats" of aggressive behaviour. International Journal of Behavioral Development [J], 27(2): 122-133.

[162]Liu J, Zhang M, Jou J, et al. 2012. Neural bases of falsification in conditional proposition testing: Evidence from an fMRI study. International Journal of Psychophysiology [J], 85(2): 249-256.

[163]Lopez R B, Chen P A, Huckins J F, et al. 2017. A balance of activity in brain control and reward systems predicts self-regulatory outcomes. Social Cognitive and Affective Neuroscience [J], 12(5): 832-838.

[164]Lorenz R C, Gleich T, Beck A, et al. 2014. Reward anticipation in the adolescent and aging brain. Human Brain Mapping [J], 35(10): 5153-5165.

[165]Lowell J 2012. Managers and moral dissonance: Self justification as a big threat to ethical management? Journal of Business Ethics [J], 105(1): 17-25.

[166]Lozier L M, Cardinale E M, VanMeter J W, et al. 2014. Mediation of the relationship between callous-unemotional traits and proactive aggression by amygdala response to fear among children with conduct problems. JAMA Psychiatry [J], 71(6): 627-636.

[167]Luber B, Lou H C, Keenan J P, et al. 2010. Self-enhancement processing in the default network: A single-pulse TMS study. Experimental Brain Research [J], 223: 177-187.

[168]Luppino D, Moul C, Hawes D J, et al. 2014. Association between a polymorphism of the vasopressin 1B receptor gene and aggression in children. Psychiatric Genetics [J], 24(5): 185–190.

[169]MacDonald A W, 3rd, Cohen J D, Stenger V A, et al. 2000. Dissociating the role of the dorsolateral prefrontal and anterior cingulate cortex in cognitive control. Science [J], 288(5472): 1835-1838.

[170]Maddock R J, Garrett A S, Buonocore M H 2001. Remembering familiar people: The posterior cingulate cortex and autobiographical memory retrieval. Neuroscience [J], 104(3): 667-676.

[171]Mansouri, Farshad A, Buckley, et al. 2007. Mnemonic function of the dorsolateral prefrontal cortex in conflict-induced behavioral adjustment. Science [J], 318(5852): 987-990.

[172]Mansouri F A, Tanaka K, Buckley M J 2009. Conflict-induced behavioural adjustment: A clue to the executive functions of the prefrontal cortex. Nature Reviews Neuroscience [J], 10(2): 141-152.

[173]Marcus R F, Kramer C 2001. Reactive and proactive aggression: Attachment and social competence predictors. The Journal of Genetic Psychology [J], 162(3): 260-

275.

[174]Matlock S T, Aman M G 2011. Development of the adult scale of hostility and aggression: Reactive-proactive (A-SHARP). American Journal on Intellectual and Developmental Disabilities [J], 116(2): 130-141.

[175]Mauss I B, Robinson M D 2010. Measures of emotion: A reviews. Cognition and Emotion [J]: 109-137.

[176]Mayberg H S, Liotti M, Brannan S K, et al. 1999. Reciprocal limbic-cortical function and negative mood: Converging pet findings in depression and normal sadness. American Journal of Psychiatry [J], 156(5): 675-682.

[177]Mayberry M L, Espelage D L 2007. Associations among empathy, social competence, & Reactive/Proactive aggression subtypes. Journal of Youth & Adolescence [J], 36(6): 787-798.

[178]McAuliffe M D, Hubbard J A, Rubin R M, et al. 2006. Reactive and proactive aggression: Stability of constructs and relations to correlates. The Journal of Genetic Psychology [J], 167(4): 365-382.

[179]Mechias M L, Etkin A, Kalisch R 2010. A meta-analysis of instructed fear studies: Implications for conscious appraisal of threat. Neuroimage [J], 49(2): 1760-1768.

[180]Mendez M F, Anderson E, Shapira J S 2005. An investigation of moral judgement in frontotemporal dementia. Cognitive and Behavioral Neurology [J], 18(4): 193-197.

[181]Merk W, Orobio de Castro B, Koops W, et al. 2005. The distinction between reactive and proactive aggression: Utility for theory, diagnosis and treatment? European Journal of Developmental Psychology [J], 2(2): 197-220.

[182]Michl P, Meindl T, Meister F, et al. 2014. Neurobiological underpinnings of shame and guilt: A pilot fmri study. Social Cognitive and Affective Neuroscience [J],

9(2): 150-157.

[183]Milham M P, Banich M T 2005. Anterior cingulate cortex: An fMRI analysis of conflict specificity and functional differentiation. Human Brain Mapping [J], 25(3): 328-335.

[184]Miller E M, Shankar M U, Knutson B, et al. 2014. Dissociating motivation from reward in human striatal activity. Journal of Cognitive Neuroscience [J], 26(5): 1075-1084.

[185]Miller J D, Lynam D R 2006. Reactive and proactive aggression: Similarities and differences. Personality and Individual Differences [J], 41(8): 1469-1480.

[186]Mills J F, Kroner D G, Forth A E 2002. Measures of Criminal Attitudes and Associates (MCAA) development, factor structure, reliability, and validity. Assessment [J], 9(3): 240-253.

[187]Mitchell T V, Morey R A, Inan S, et al. 2005. Functional magnetic resonance imaging measure of automatic and controlled auditory processing. Neuroreport [J], 16(5): 457-461.

[188]Miyazaki K, Miyazaki K W, Matsumoto G 2004. Different representation of forthcoming reward in nucleus accumbens and medial prefrontal cortex. Neuroreport [J], 15(4): 721-726.

[189]Moore C C, Hubbard J, Morrow M T, et al. 2018. The simultaneous assessment of and relations between children's sympathetic and parasympathetic psychophysiology and their reactive and proactive aggression. Aggressive Behavior [J], 44(6): 614-623.

[190]Morey R A, Mccarthy G, Selgrade E S, et al. 2012. Neural systems for guilt from actions affecting self versus others. Neuroimage [J], 60(1): 683-692.

[191]Muñoz L C, Qualter P, Padgett G 2011. Empathy and bullying: Exploring the influence of callous-unemotional traits. Child Psychiatry and Human Development [J],

42: 183-196.

[192]Naqvi N, Shiv B, Bechara A 2006. The role of emotion in decision making: A cognitive neuroscience perspective. Current Directions in Psychological Science [J], 15(5): 260-264.

[193]Nitschke J B, Sarinopoulos I, Mackiewicz K L, et al. 2006. Functional neuroanatomy of aversion and its anticipation. Neuroimage [J], 29(1): 106-116.

[194]Norman, D.A., Shallice, T. (1986). Attention to Action. In: Davidson, R.J., Schwartz, G.E., Shapiro, D. (eds) Consciousness and Self-Regulation. Boston: Springer,1986:1-18.

[195]Obeso I, Moisa M, Ruff C C, et al. 2018. A causal role for right temporo-parietal junction in signaling moral conflict. Elife [J], 7: e40671.

[196]Ochsner K N, Bunge S A, Gross J J, et al. 2002. Rethinking feelings: An fmri study of the cognitive regulation of emotion. Journal of Cognitive Neuroscience [J], 14(8): 1215-1229.

[197]Ochsner K N, Gross J J 2005. The cognitive control of emotion. Trends in Cognitive Sciences [J], 9(5): 242-249.

[198]Ollendick T H, Jarrett M A, Wolff J C, et al. 2009. Reactive and proactive aggression: Cross-informant agreement and the clinical utility of different informants. Journal of Psychopathology and Behavioral Assessment [J], 31: 51-59.

[199]Opialla S, Lutz J, Scherpiet S, et al. 2015. Neural circuits of emotion regulation: A comparison of mindfulness-based and cognitive reappraisal strategies. European Archives of Psychiatry and Clinical Neuroscience [J], 265: 45-55.

[200]Padmala S, Pessoa L 2010. Interactions between cognition and motivation during response inhibition. Neuropsychologia [J], 48(2): 558-565.

[201]Perach-Barzilay N, Tauber A, Klein E, et al. 2013. Asymmetry in the dorsolateral prefrontal cortex and aggressive behavior: A continuous theta-burst

magnetic stimulation study. Social Neuroscience [J], 8(2): 178-188.

[202]Perren S, Gutzwiller-Helfenfinger E 2012. Cyberbullying and traditional bullying in adolescence: Differential roles of moral disengagement, moral emotions, and moral values. European Journal of Developmental Psychology [J], 9(2): 195-209.

[203]Peters J R, Owens S A, Schmalenberger K M, et al. 2020. Differential effects of the menstrual cycle on reactive and proactive aggression in borderline personality disorder. Aggressive Behavior [J], 46(2): 151-161.

[204]Pfabigan D M, Seidel E M, Sladky R, et al. 2014. P300 amplitude variation is related to ventral striatum bold response during gain and loss anticipation: An eeg and fmri experiment. Neuroimage [J], 96: 12-21.

[205]Phan K L, Wager T, Taylor S F, et al. 2002. Functional neuroanatomy of emotion: A meta-analysis of emotion activation studies in pet and fmri. Neuroimage [J], 16(2): 331-348.

[206]Phillips M L, Drevets W C, Rauch S L, et al. 2003. Neurobiology of emotion perception i: The neural basis of normal emotion perception. Biol Psychiatry [J], 54(5): 504-514.

[207]Phillips M L, Ladouceur C D, Drevets W C 2008. A neural model of voluntary and automatic emotion regulation: Implications for understanding the pathophysiology and neurodevelopment of bipolar disorder. Molecular Psychiatry [J], 13(9), 833-857.

[208]Polman H, de Castro B O, Thomaes S, et al. 2009. New directions in measuring reactive and proactive aggression: Validation of a teacher questionnaire. Journal of Abnormal Child Psychology [J], 37: 183-193.

[209]Polosan M, Baciu M, Cousin E, et al. 2011. An fmri study of the social competition in healthy subjects. Brain and Cognition [J], 77(3): 401-411.

[210]Poulin F, Boivin M 2000. Reactive and proactive aggression: Evidence of a

two-factor model. Psychological Assessment [J], 12(2): 115-122.

[211]Prehn K, Wartenburger I, Mériau K, et al. 2008. Individual differences in moral judgment competence influence neural correlates of socio-normative judgments. Social Cognitive and Affective Neuroscience [J], 3(1): 33-46.

[212]Quan F, Zhu W, Dong Y, et al. 2019. Brain structure links trait hostile attribution bias and attitudes toward violence. Neuropsychologia [J], 125(4): 42-50.

[213]Raine A 2019. The neuromoral theory of antisocial, violent, and psychopathic behavior. Psychiatry Research [J], 277: 64-69.

[214]Raine A, Dodge K, Loeber R, et al. 2006. The reactive–proactive aggression questionnaire: Differential correlates of reactive and proactive aggression in adolescent boys. Aggressive Behavior [J], 32(2): 159-171.

[215]Raine A, Yang Y 2006. Neural foundations to moral reasoning and antisocial behavior. Social Cognitive and Affective Neuroscience [J], 1(3): 203-213.

[216]Reidy D E, Zeichner A, Miller J D, et al. 2007. Psychopathy and aggression: Examining the role of psychopathy factors in predicting laboratory aggression under hostile and instrumental conditions. Journal of Research in Personality [J], 41(6): 1244-1251.

[217]Reniers R L, Corcoran R, Völlm B A, et al. 2012. Moral decision-making, tom, empathy and the default mode network. Biological Psychology [J], 90(3): 202-210.

[218]Rieffe C, Broekhof E, Kouwenberg M, et al. 2016. Disentangling proactive and reactive aggression in children using self-report. European Journal of Developmental Psychology [J], 13(4): 439-451.

[219]Robertson D, Snarey J, Ousley O, et al. 2007. The neural processing of moral sensitivity to issues of justice and care. Neuropsychologia [J], 45(4): 755-766.

[220]Rolls E T, Hornak J, Wade D, et al. 1994. Emotion-related learning in

patients with social and emotional changes associated with frontal lobe damage. Journal of Neurology, Neurosurgery and Psychiatry [J], 57(12): 1518-1524.

[221]Ruchsow M, Grothe J, Spitzer M, et al. 2002. Human anterior cingulate cortex is activated by negative feedback: Evidence from event-related potentials in a guessing task. Neuroscience Letters [J], 325(3): 203-206.

[222]Ruchsow M, Herrnberger B r, Wiesend C, et al. 2010. The effect of erroneous responses on response monitoring in patients with major depressive disorder: A study with event-related potentials. Psychophysiology [J], 41(6): 833-840.

[223]Ryan J L V 1997. The link between ethical judgment and action in organizations: A moral approbation approach. Organization Science [J], 8(6): 663-680.

[224]Şahin M 2012. An investigation into the efficiency of empathy training program on preventing bullying in primary schools. Children and Youth Services Review [J], 34(7): 1325-1330.

[225]Salamone J D, Correa M 2012. The mysterious motivational functions of mesolimbic dopamine. Neuron [J], 76(3): 470-485.

[226]Santos D, Briñol P, Petty R E, et al. 2019. Trait aggressiveness predicting aggressive behavior: The moderating role of meta-cognitive certainty. Aggressive behavior [J], 45(3): 255-264.

[227]Schmidt L, Tusche A, Manoharan N, et al. 2018. Neuroanatomy of the vmpfc and dlpfc predicts individual differences in cognitive regulation during dietary self-control across regulation strategies. Journal of Neuroscience [J], 38(25): 5799-5806.

[228]Schoenbaum G, Roesch M R, Stalnaker T A, et al. 2009. A new perspective on the role of the orbitofrontal cortex in adaptive behaviour. Nature Reviews Neuroscience [J], 10(12): 885-892.

[229]Schultze-Krumbholz A, Schultze M, Zagorscak P, et al. 2016. Feeling cybervictims' pain—the effect of empathy training on cyberbullying. Aggressive

Behavior [J], 42(2): 147-156.

[230]Sege C T, Bradley M M, Weymar M, et al. 2017. A direct comparison of appetitive and aversive anticipation: Overlapping and distinct neural activation. Behavioural Brain Research [J], 326(30): 96-102.

[231]Sherrill A M, Bradel L 2017. Contact sport participation predicts instrumental aggression, not hostile aggression, within competition: Quasi-experimental evidence. Journal of Aggression [J], 9(1): 50-57.

[232]Shou Y, Sellbom M, Han J 2017. Evaluating the construct validity of the levenson self-report psychopathy scale in china. Assessment [J], 24(8): 1008-1023.

[233]Slaughter K E, Leaberry K D, Fogleman N D, et al. 2020. Reactive and proactive aggression in children with and without adhd and negative emotional lability. Social Development [J], 29(1): 320-338.

[234]Smeijers D, Brugman S, Von B K, et al. 2018. Lack of correspondence between the reactive proactive questionnaire and the impulsive premeditated aggression scale among forensic psychiatric outpatients. Aggressive Behavior [J], 44(5), 471-480.

[235]Smith S M, Fox P T, Miller K L, et al. 2009. Correspondence of the brain's functional architecture during activation and rest. Proceedings of the National Academy of Sciences of the United States of America [J], 106(31): 13040-13045.

[236]Smithmyer C M, Hubbard J A, Simons R F 2000. Proactive and reactive aggression in delinquent adolescents: Relations to aggression outcome expectancies. Journal of Clinical Child Psychology [J], 29(1): 86-93.

[237]Snyder C R, Crowson J J, Houston B K, et al. 1997. Assessing hostile automatic thoughts: Development and validation of the hat scale. Cognitive Therapy and Research [J], 21: 477-492.

[238]Spielberg J M, Miller G A, Engels A S, et al. 2011. Trait approach and avoidance motivation: Lateralized neural activity associated with executive function.

Neuroimage [J], 54(1): 661-670.

[239]Spreng R N, Mar R A, Kim A S 2009. The common neural basis of autobiographical memory, prospection, navigation, theory of mind, and the default mode: A quantitative meta-analysis. Journal of Cognitive Neuroscience [J], 21(3): 489-510.

[240]Stanger N, Kavussanu M, Boardley I D, et al. 2013. The influence of moral disengagement and negative emotion on antisocial sport behavior. Sport, Exercise, and Performance Psychology [J], 2(2): 117-129.

[241]Stanger N, Kavussanu M, McIntyre D., & Ring, C. 2016. Empathy inhibits aggression in competition: The role of provocation, emotion, and gender. Journal of Sport and Exercise Psychology [J], 38(1): 4-14.

[242]Stanger N, Kavussanu M, Ring C 2012. Put yourself in their boots: Effects of empathy on emotion and aggression. Journal of Sport and Exercise Psychology [J], 34(2): 208-222.

[243]Stark R, Bauer E, Merz C J, et al. 2011. ADHD related behaviors are associated with brain activation in the reward system. Neuropsychologia [J], 49(3): 426-434.

[244]Strauman T J, Detloff A M, Sestokas R, et al. 2012. What shall I be, what must I be: Neural correlates of personal goal activation. Frontiers in Integrative Neuroscience [J], 6: 123.

[245]Stuewig J, Tangney J P, Heigel C, et al. 2010. Shaming, blaming, and maiming: Functional links among the moral emotions, externalization of blame, and aggression. Journal of Research in Personality [J], 44(1): 91-102.

[246]Sukhodolsky D G, Golub A, Cromwell E N 2001. Development and validation of the anger rumination scale. Personality and Individual Differences [J], 31(5): 689-700.

[247]Supekar K, Swigart A G, Tenison C, et al. 2013. Neural predictors of individual differences in response to math tutoring in primary-grade school children. Proceedings of the National Academy of Sciences [J], 110(20): 8230-8235.

[248]Tangney J P, Stuewig J, Mashek D J 2007. Moral emotions and moral behavior. Annual Review of Psychology [J], 58: 345-372.

[249]Taylor S P 1967. Aggressive behavior and physiological arousal as a function of provocation and the tendency to inhibit aggression 1. Journal of Personality [J], 35(2): 297-310.

[250]Tedeschi J T, Quigley B M 1996. Limitations of laboratory paradigms for studying aggression. Aggression and Violent Behavior [J], 1(2): 163-177.

[251]Tholen M, Trautwein M, Böckler A, et al. 2020. Functional magnetic resonance imaging (fMRI) item analysis of empathy and theory of mind. Human Brain Mapping [J], 41(10):2611-2628.

[252]Thornberg R, Jungert T 2013. Bystander behavior in bullying situations: Basic moral sensitivity, moral disengagement and defender self-efficacy. Journal of Adolescence [J], 36(3): 475-483.

[253]Thornberg R, Jungert T 2014. School bullying and the mechanisms of moral disengagement. Aggressive Behavior [J], 40(2): 99-108.

[254]Tian X, Wei D, Du X, et al. 2016. Assessment of trait anxiety and prediction of changes in state anxiety using functional brain imaging: A test–retest study. Neuroimage [J], 133: 408-416.

[255]Turiel E 2008. The development of morality. Child and Adolescent Development [J], 43-47.

[256]Tusche A, Hutcherson C A 2018. Cognitive regulation alters social and dietary choice by changing attribute representations in domain-general and domain-specific brain circuits. Elife [J], 7: e31185.

[257]Valentin V V, O'Doherty J P 2009. Overlapping prediction errors in dorsal striatum during instrumental learning with juice and money reward in the human brain. Journal of Neurophysiology [J], 102(6): 3384-3391.

[258]Valk S L, Bernhardt B C, Trautwein F-M, et al. 2017. Structural plasticity of the social brain: Differential change after socio-affective and cognitive mental training. Science Advances [J], 3(10): e1700489.

[259]van Donkelaar M M J, Hoogman M, Shumskaya E, et al. 2020. Monoamine and neuroendocrine gene-sets associate with frustration-based aggression in a gender-specific manner. European Neuropsychopharmacology [J], 30: 75-86.

[260]van Gelder J L, De Vries R E, Van Sintemaartensdijk I, et al. 2022. Personality pathways to aggression: Testing a trait-state model using immersive technology. Criminology [J], 60(3): 406-428.

[261]Vitaro F, Brendgen M 2005. Proactive and reactive aggression: A developmental perspective. In R. E. Tremblay, W. W. Hartup, & J. Archer (Eds.), Developmental Origins of Aggression, 178-201.

[262]Wager T D, Phan K L, Liberzon I, et al. 2003. Valence, gender, and lateralization of functional brain anatomy in emotion: A meta-analysis of findings from neuroimaging. Neuroimage [J], 19(3): 513-531.

[263]Wagner U, N'Diaye K, Ethofer T, et al. 2011. Guilt-specific processing in the prefrontal cortex. Cerebral Cortex [J], 21(11): 2461-2470.

[264]Wang X, Dong W, Qiao J 2023. How is childhood psychological maltreatment related to adolescents' cyberbullying perpetration? The roles of moral disengagement and empathy. Current Psychology [J], 42(19): 16484-16494.

[265]Wang Y, Liu Z, Chen S, et al. 2018. Identifying at-risk subgroups for acute postsurgical pain: A classification tree analysis. Pain Medicine [J], 19(11): 2283-2295.

[266]Wenger K K, Visscher K M, Miezin F M, et al. 2004. Comparison of

sustained and transient activity in children and adults using a mixed blocked/event-related fmri design. Neuroimage [J], 22(2): 975-985.

[267]Wittfoth M, Schardt D M, Fahle M, et al. 2009. How the brain resolves high conflict situations: Double conflict involvement of dorsolateral prefrontal cortex. Neuroimage [J], 44(3): 1201-1209.

[268]Woodward T S, Metzak P D, Meier B, et al. 2008. Anterior cingulate cortex signals the requirement to break inertia when switching tasks: A study of the bivalency effect. Neuroimage [J], 40(3): 1311-1318.

[269]Wrangham R W 2018. Two types of aggression in human evolution. Proceedings of the National Academy of Sciences [J], 115(2): 245-253.

[270]Yan C, Zang Y 2010. DPARSF: A MATLAB toolbox for" pipeline" data analysis of resting-state fMRI. Frontiers in Systems Neuroscience [J], 4: 1377.

[271]Yang W, Dietrich A, Liu P, et al. 2016. Prototypes are key heuristic information in insight problem solving. Creativity Research Journal [J], 28(1): 67-77.

[272]Young L, Saxe R 2008. The neural basis of belief encoding and integration in moral judgment. Neuroimage [J], 40:(4) 1912-1920.

[273]Yüksel K, Çekiç A. 2019. The effect of the cognitive behavioral therapy based cyberbullying prevention program. International Journal of Human and Behavioral Science [J], 5(2): 18-31

[274]Zahn R, Moll J, Paiva M, et al. 2009. The neural basis of human social values: Evidence from functional mri. Cerebral Cortex (New York, N.Y. : 1991) [J], 19(2): 276-283.

[275]Zhang J, Hughes L E, Rowe J B 2012. Selection and inhibition mechanisms for human voluntary action decisions. Neuroimage [J], 63(1): 392-402.

[276]Zhang W, Cao C, Wang M, et al. 2016. Monoamine oxidase a (MAOA) and catechol-o-methyltransferase (COMT) gene polymorphisms interact with maternal

parenting in association with adolescent reactive aggression but not proactive aggression: Evidence of differential susceptibility. Journal of Youth and Adolescence [J], 45: 812-829.

[277]Zhu R, Feng C, Zhang S, et al. 2019. Differentiating guilt and shame in an interpersonal context with univariate activation and multivariate pattern analyses. Neuroimage [J], 186: 476-486.

[278]Zhu W, Chen Y, Xia L-X 2020. Childhood maltreatment and aggression: The mediating roles of hostile attribution bias and anger rumination. Personality and Individual Difference [J], 162: 110007.

[279]Zhu W, He L, Xia L-X 2022. The brain correlates of state proactive aggression. Neuropsychology [J], 36(3): 231.

[280]Zhu W, Sun L, Lu D, et al. 2023. The longitudinal relation between violence exposure in daily life, hostile automatic thoughts, and cyber-aggression. Aggressive Behavior [J], 49(2): 101-109.

[281]Zhu W, Wang H, Xia L-X 2019. An experimental task to measure proactive aggression under incentive condition: A reward-interference task. Personality and individual differences [J], 149: 273-285.

[282]Zhu W, Zhou X, Xia L-X 2019. Brain structures and functional connectivity associated with individual differences in trait proactive aggression. Scientific Reports [J], 9(1): 1-12.

[283]Zurawska Vel Grajewska B, Sim E J, Hoenig K, et al. 2011. Mechanisms underlying flexible adaptation of cognitive control: Behavioral and neuroimaging evidence in a flanker task. Brain Research [J], 1421: 52-65.

[284] 付俊杰, 罗峥, 杨思亮. 初中生反应性−主动性攻击问卷的修订 [J]. 首都师范大学学报 (社会科学版) 2009,(S4): 199–202.

[285] 弓鑫钰. 攻击的积极结果预期的脑关联及其与主动性攻击的关系 [D]. 西

南大学 ,2009.

[286] 李芮 , 夏凌翔 . 攻击动机对特质愤怒与反应性攻击关系的中介作用 : 一
项纵向研究 [J]. 心理学报 ,2021, 53(07): 788–797.

[287] 权方英 , 夏凌翔 . 敌意归因偏向对反应性攻击的预测及报复动机的中介
作用 [J]. 心理科学 ,2019, 42(06): 1434–1440.

[288] 张万里 , 贾世伟 , 陈光辉 , 等 . 反应性−主动性攻击问卷在大学生中的信
效度检验 [J]. 中国临床心理学杂志 ,2024,22(02): 260–263.

后 记

时间如白驹过隙,不知不觉间我已在天津师范工作将近五年,这是我事业的开始也是我的梦想继续的地方,作为一名优秀的大学教师,从事有意义的研究是我自大学以来的梦想和追求,也是我为之奋斗和努力的动力和目标。考上研究生是我实现自己梦想的第一步,在这期间我遇到了两位良师曹贵康副教授、邱江教授,两位老师对学生的爱护、尊重、循循善诱的教导,及对待学术的严谨认真,对学术的至纯至真的追求,皆对我产生了深远的影响。这也更增加了我要做像他们一样优秀的研究者和教育者的决心。研究生毕业后我有幸成为了夏凌翔教授的博士生,在夏老师的指导下,我一步一步的找到了自己新的研究领域,即主动性攻击的相关研究。开展该研究并不是一帆风顺的,在此期间经常遇到实验结果不符合假设的情况,夏老师总是和我一起思考到底是什么地方出现了问题,经过不断的尝试、思考、完善,才完成了主动性攻击的任务的开发,特质和状态主动性攻击的神经基础研究的部分,并且在 SSCI 上发表了三篇相关论文。在此基础上,入职天津师范后我继续着攻击相关的一系列的研究,并取得了国家自然科学基金的资助,相继在 *Aggressive Behavior*、*Current Psychology*、*Journal of Affective Disorders* 和《心理与行为研究》等中英文的核心期刊上发表了近十篇攻击相关的论文。我对近几年自己对主动性攻击的研究成果进行了梳理,形成了本书。

在本书写作过程中我的博士生导师夏凌翔教授给予我很多的帮助和悉心指导,大到理论建构小到数据分析,夏老师给了我很多有建设性的意见和想法,感谢恩师对我的指导、帮助和谆谆教诲。感谢师弟师妹王欢、肖明岳、茹怡姗、张秦、苏杨如娇等对本书中实验的开展提供的支持和帮助;感谢天津师范大学心理学部领导们的支持和爱护,才能让我能够继续我热爱的研究;感谢天津师范大学给我提供了良好的实验设备和实验平台,使我实验的开展成为了可能。感谢我的研究生刘宋昱、孙琳丹、王凯、杨于广、沙仟利和李辰星协助我对本书的检查和校对。

由于水平有限,书中难免有疏漏和不足之处,敬请各位专家、学者和同人不吝赐教。我将继续带着对科研和教学的热情,不忘初心,不断探索研究,不断提升自己,争取成为学生心目中的好老师,成为新时代的四有好老师。

朱文凤